空天信息技术系列丛书

无人系统及仿生算法应用

熊珍凯　李少宁　吴幼冬　张耀中　刘家胜　著

西北工業大學出版社

西　安

【内容简介】 本书主要介绍了无人系统的组成、原理与仿生算法，对无人系统的由来、发展及相关技术进行了详细描述。全书共分 8 章，主要包括绪论、无人系统发展现状、无人系统控制理论基础、布谷鸟搜索算法在无人系统中的应用、粒子群算法在无人系统中的应用、萤火虫算法在无人系统中的应用、蝙蝠算法在无人系统中的应用以及蜻蜓算法在无人系统的应用等内容。

本书可以作为船舶、兵器、航空航天等工业科技领域技术人员以及科研工作者的学习参考书，也可以作为高等学校相关专业的研究生教材。

图书在版编目(CIP)数据

无人系统及仿生算法应用 / 熊珍凯等著. —西安：西北工业大学出版社，2022.10

空天信息技术系列丛书

ISBN 978-7-5612-8100-0

Ⅰ. ①无… Ⅱ. ①熊… Ⅲ. ①无人值守-智能系统-算法-研究 Ⅳ. ①TP18

中国版本图书馆 CIP 数据核字(2022)第 030102 号

WURENXITONG JI FANGSHENG SUANFA YINGYONG

无 人 系 统 及 仿 生 算 法 应 用

熊珍凯 李少宁 吴幼冬 张耀中 刘家胜 著

责任编辑：卢颖慧 **策划编辑**：何格夫

责任校对：付高明 **装帧设计**：李 飞

出版发行：西北工业大学出版社

通信地址：西安市友谊西路 127 号 邮编：710072

电 话：(029)88491757，88493844

网 址：www.nwpup.com

印 刷 者：陕西向阳印务有限公司

开 本：787 mm×1 092 mm 1/16

印 张：9

字 数：236 千字

版 次：2022 年 10 月第 1 版 2022 年 10 月第 1 次印刷

定 价：58.00 元

如有印装问题请与出版社联系调换

序(一)

随着人工智能、大数据等新兴技术的兴起，无人系统也以超乎寻常的速度得到发展，并与人民生活息息相关。从无人家电到无人快递、无人物流，再到无人驾驶车辆，无人系统为人类社会带来了更多的便捷。同样地，人类社会的生产、生活也对无人系统的发展起到促进作用。人类社会是不断发展、进化的，无人系统也是不断发展、演进的，深入思考无人系统的体系架构、运行机理、运行方法、伦理道德等，可为人类更好地运用无人系统起到很好的推动作用。因此，研究人类或自然界特有的系统运行规律，探究其中的奥秘，是人类认识自我并提升无人系统应用能力的有效途径之一。

《无人系统及仿生算法应用》一书深入分析了无人系统的内涵、本质及特征，通过典型算法应用，将无人系统应用效果呈现出来。该书主题突出，特色鲜明，内容丰富，层次清晰。该书作者对无人系统进行了卓有成效的研究和大量试验验证工作，对无人系统理解深刻，其独到的见解和精辟的分析，必将大大推动无人系统相关方向的发展。对于无人系统研究者和应用者来说，该书都是一本不可多得的高水平参考性书籍。

中国工程院院士

陆建勋

2022 年 4 月

序(二)

无人系统是指在复杂、开放的环境中自主地完成各种任务的智能系统，涉及不同学科的研究领域和各行各业的应用形态，例如无人车、无人机、服务机器人、轨道交通自动驾驶系统、空间机器人、海域机器人、无人船、无人车间/智能工厂以及自主无人操作系统等。近年来，形态、功能各异的无人系统不断涌现，在国计民生和国防建设等领域逐渐发挥重要作用，深刻地改变着人类社会的各个方面。

大数据、大模型与算法、超级算力以及日渐丰富的应用场景使得无人系统在真实环境中完成复杂任务的自主能力正在迅速提升。算法是无人系统实现自主智能的核心和“灵魂”，直接决定了无人系统所能呈现的智能化水平。为适应动态、开放、真实的环境，无人系统的算法必须解决感知、规划、控制和群体协同等各种复杂问题，这也使得当前对无人系统算法的研究面临着巨大挑战。

通过自身演化，生物体能够在充满各种不确定性的自然环境中完成多种动态变化的复杂任务，完美地解决在人类看来无比复杂的各种问题。受生物有机体和种群自适应于环境的复杂行为和功能的启发，研究者们通过对机械工程、计算机科学、生物学、化学和材料科学等研究成果的高度集成，正在不断构造出从神经形态到本体结构上高度仿生、复杂、精巧的无人系统，并通过交互协同，使其发展成为集群智能。

仿生算法正是沿着上述研究思路，经过多年发展，逐渐形成的一大类已经得到广泛应用的智能算法。研究者们通过不断观察各种生物群组现象并深入探究其内部机制，发展形成了各类精巧的仿生算法，如鱼群算法、蜂群算法等。这些算法具有操作简单、鲁棒性强且易于并行处理的优点，尤其在传统优化技术难以处理的组合优化问题上表现出超越同类算法的优异性能，目前已广泛应用于包括无人机、无人车等不同种类无人系统的路径规划、集群任务调度分配等计算任务，表现出很强的适应性和重要的应用价值。

该书由中国船舶集团公司首席专家吴幼冬、无人系统领域资深专家熊珍凯领衔的专家团队撰写。作者们长期专注于无人系统前沿领域，理论素养高，工程实践经验丰富，研究积累深厚，主持过多个无人系统项目的研制和应用工作，出色地完成了多项国家重点项目，为国防装备现代化建设做出了突出贡献。该书着眼于学术与技术前沿，依托作者们多年的创新研究成果，系统、全面地介绍了无人系统组成、发展及仿生算法的应用。

全书内容取材新颖，理论分析透彻、见解深邃，强调系统性，算法解析与工程应用验证相互映衬，是无人系统应用研究者和开发者不可多得的、非常有借鉴价值的专著。

中国自动化学会会士
西安交通大学 教授
2022 年 5 月

前　言

无人系统自 20 世纪 60 年代产生以来，就一直是人们关注的焦点，从无人机在阿富汗战争中的使用，到亚马逊公司仓库自动发货的机器人，再到百度阿波罗(Apollo)无人车队的百辆高科技车队穿行港珠澳大桥，无人系统正以极快的速度，实现着从半自主到自主智能，从单体智能到集群智能的跨越，无人系统也应用到了军事、物流、医疗、农业、工业等多领域。随着科学技术的进步，特别是人工智能、大数据、5G 通信、新材料及制造等技术的发展，无人系统将与人们的生活越来越息息相关。

在无人系统产生之初，其思想源头来自于自然界的生态系统——生物体通过自身演化，完美解决着被人类认为复杂的优化问题。因其所处物理环境和任务环境的不确定性和动态性，优化问题的求解是动态可变的。人们从自然界得到启发，不断追寻各类生物群组现象，探索内部运行机制和方法，解决和攻克了研究中遇到的许多难题。因此，无人系统决策和优化算法的发展史，就是人类探索自然群组进化发展的历史。

仿生算法因其具有操作简单、鲁棒性强且易于并行处理的优点，已被广泛应用到路径规划、调度分配、模式识别等多个领域，也为传统优化技术难以处理的组合优化问题提供了切实可行的解决方案。近年来，各类仿生算法层出不穷，它们形态多样，如鱼群算法、蜂群算法等，这些新算法在科学计算和工程技术领域显示出独有的特点和应用效果。笔者在多年的工程实践中，曾从事数个无人系统项目的研制和应用工作，并受到多位院士的鼓励。他们希望工程界的科研人员能总结现有成果，因此，笔者所在团队凝练数年成果，编著成册，与同仁探讨。

本书由 8 章构成，各章内容自成体系。第 1 章绪论，介绍无人系统的由来、分类以及国家无人系统的规划、无人系统发展面临的冲击与挑战；第 2 章无人系统发展现状，主要介绍无人系统在车辆、物流、智能制造、农业和军用等领域的应用；第 3 章无人系统控制理论基础，介绍无人系统自主感知与导航、自主组网与交互、自主协同与控制等基础理论和关键技术；第 4 章布谷鸟搜索算法在无人系统的应用，主要介绍布谷鸟搜索算法的原理、实现流程及在路径规划、任务分配、协同侦察等应用中的实现与分析；第 5 章粒子群算法在无人系统的应用，主要介绍了粒子群算法原理、实现流程及在任务分配、协同侦察等应用中的实现与分析。第 6 章萤火虫算法在无人系统中的应用，主要介绍萤火虫算法原理及在耦合任务分配应用中的实现与分析。第 7 章蝙蝠算法在无人系统中的应用，主要介绍蝙蝠算法原理及在单个或多个探测目标时，协同任务联盟组建应用中的实现与分析；第 8 章蜻蜓算法在无人系统中的应用，主要介绍蜻蜓算法原理及时间耦合任务分配应用中的实现与分析。

本书由熊珍凯主持撰写，第 1 章由熊珍凯、李少宁、吴幼冬编写，第 2 章由熊珍凯、李少宁编写，第 3 章由熊珍凯、刘家胜编写，第 4 章由熊珍凯编写，第 5～8 章由熊珍凯、张耀中编写。

无人系统发展方兴未艾，无人系统仿生算法研究是富有意义且极具挑战性的工作。唯其艰难，方显勇毅；唯其磨砺，始得玉成。无人系统仿生算法是一项开创性的工作，许多问题仍在实践和探索中，希望本书能达到抛砖引玉的目的，引起更多的学者对无人系统工程应用问题的关注、讨论，从而推动该项研究的快速发展，为我国无人系统建设提供指导。

在本书编写过程中，得到各方的大力支持和热情鼓励，以及许多专家和同仁的指导和帮助，也参考、借鉴了许多学者的书籍和论文等成果，在此表示诚挚的谢意。

本书是笔者多年科研和工程应用经验的总结，由于时间有限，书中难免有疏漏和不足之处，恳请读者批评指正，不胜感激。

著　者

2022 年 6 月

目　录

第1章 绪 论

1.1 无人系统的由来

人类对机器人的渴望延续了几千年,想象一种机器能像人一样去工作。1963 年,美国人查理·罗森(Charlie Rosen)在斯坦福大学提出了具体设计,并于 1972 年成功研制出世界首台自主移动机器人 Shakey(见图 1.1)。如今,机器人已应用到物流、家居、工业、农业等诸多领域,对人类社会产生了巨大影响。

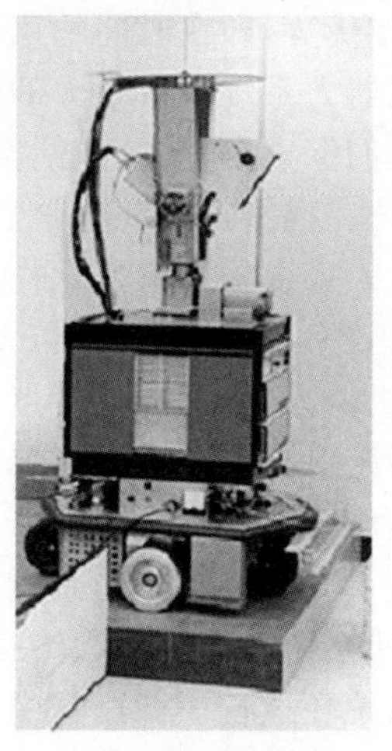

1.1 自主移动机器人 Shakey

经过十余年发展,20 世纪 80 年代,随着科学研究的深入,单个机器人无论从功能还是执行效率,都已无法满足科研和应用需求。在这种情况下,很多学者提出了以个体机器人为单元组成一个多机器人系统,通过协作完成任务的思想,并着手开展多机器人系统中的协同机制问题研究。

伴随着计算机技术、机器人技术和人工智能(artificial intelligence,AI)的发展已经成为现实,并且得到了研究人员的持续关注,由此还出现了研究多机器人系统(multiple robot system,MRS)的专门领域。Raffaello D'Andrea 设计了美国亚马逊公司仓库自动发货的机器人系统 Kiva。同时,通过无人机群协同合作构筑建筑等任务,多机器人系统被推向了高潮。当前,多机器人系统的典型应用和推广是机器人足球赛(见图 1.2)。1996 年,韩国科学技术院发起了微型机器人世界杯足球赛;1997 年,日本人工智能研究会发起了 Robocup 机器人世界杯足球赛。多机器人系统广泛应用于协同搜索和探测、协同搜救、协同搬运等领域。多机器人系统在理论、应用等方面取得了很大进展,建立了一些典型的仿真、实验验证系统,如 ACTRESS,ALLIANCE,CEBOT 等。

图 1.2　机器人足球赛

多机器人系统的突出特点是时空优势,即在时间约束条件下,能够在作业范围内自主移动到达指定位置并完成任务,这使得机器人系统具有很大的灵活性和广泛的适用性,机器人不再局限于结构化的工作环境,因此为人们探索未知的、危险空间环境提供了极大的便利。有效地通过一种协作机制组织多机器人系统完成指定的任务是其相对于个体机器人执行任务的最大区别。在传统工业和农业领域中,无人系统采用集群化作业,以大规模协同替代人员或单个机器人的重复操作,这极大提高了劳动效率。在军事方面,无人系统的大规模应用颠覆了传统作战模式。多机器人系统相对于单个机器人,具有下述特点:

(1)系统能力增强。多机器人系统对复杂任务具有单个机器人无法比拟的优势,其能力是所有单机器人能力的集合或大于集合,体系效能更强。

(2)系统可靠性提高。多机器人系统具有较好的系统容错能力,当系统内单体机器人失能时,系统可较好地进行调配和替代,使系统鲁棒性大大增强。

(3)系统效率优化。多机器人系统在执行任务过程中,通过相互协调,使得资源、路径等得到优化。因此在任务完成时,整个系统开销会更小。

(4)系统扩展性更好。针对不同任务,升级系统管理和控制软件即可提升能力,而且功能模块化,开发更便捷。

(5)系统研究成本降低。多机器人系统的开发采用大批量研发和生产制造,摒弃了单体机器人单件研发和生产的模式,大大缩减了研发和制造成本。

无人系统(unmanned system)是多机器人系统的拓展和延伸,它具有一定自治能力和自主性,是人工智能与机器人技术以及实时控制决策系统结合的产物。无人系统由平台、任务载荷、控制系统及全域信息网络等组成,它集成了机器人工程、控制科学与工程、系统科学与工程、航空工程、航天工程、航海工程等多学科门类,是一系列高科学技术交叉融合的集合体。由于无人系统能于各种环境下替代人类独立地完成布置的任务,而不需要或者极少需要操控人员的控制,大大提高了人类的感知范围,扩充人类的行为能力,所以其研究成果已应用于军用和民用领域。目前在很多国家,无人系统都备受政府与企业的关注,越来越多的科研机构参与无人系统的研发与发展工作。

无人系统已与人类生活息息相关，涉及深海测绘、极地科考、太空探测等重大科研领域，以及交通、消防、电力、医疗、物流、家居服务等民生领域。无人系统的种类和样式也不断更新，主要包括无人地面车(unmanned ground vehicle，UGV)、无人搬运车(automatic guided vehicle，AGV)、无人飞机(unmanned aerial vehicle，UAV)、无人水面船(unmanned surface vehicle，USV)、无人潜航器(unmanned undersea vehicle，UUV)等单体或交叉组成的集群系统。

随着科技的不断进步，尤其是人工智能的发展，无人系统也演进为具有自主特性的集群系统——自主无人系统。自主无人系统的智能化水平更接近人类，更体现人类特征，因此更能推动经济发展和人类生活水平的提高。未来10年到20年，自主无人系统产业将成为世界经济进步的新引擎，引领智能产业与智能经济的发展。

1.2　无人系统的分类

无人系统可按照应用领域及形态分类，也可按照智能化水平分类。

(1)无人系统按其应用领域和形态，可分为陆用无人系统、海用无人系统以及空用无人系统。

1)陆用无人系统又可以分为运输与转运无人系统、监测与巡逻无人系统、操作与作业无人系统等。运输与转运无人系统指港口码头无人运输车、矿山无人转运车、城市无人送货车等各自组成的集群。监测与巡逻无人系统指电力无人巡检车、环境监测无人车、警用无人巡逻车、军用无人巡逻车等各自组成的集群。操作与作业无人系统指工厂装配机器人、酒店服务机器人等各自组成的集群。

2)海用无人系统又可以分为探测与科考无人系统、警戒与防御无人系统、捕捞与作业无人系统等。探测与科考无人系统指军用探测无人艇和无人潜航器、科学考察用无人水面船和无人潜航器等各自组成的集群。警戒与防御无人系统指内河、界河、远海及大洋用无人作战艇及无人作战潜航器等各自组成的集群。捕捞与作业无人系统指捕鱼、养殖、打捞、搜救、海底管道及线缆检修与维护等无人水面船及无人水下机器人各自组成的集群。

3)空用无人系统又可以分为安防与巡检无人系统、探测与科考无人系统、运输与作业无人系统等。安防与巡检无人系统指警用安保巡逻无人机、火灾探测无人机、电力线路巡检无人机等各自组成的集群。探测与科考无人系统指军用探测无人机，低空、高空或太空探测无人飞行器等各自组成的集群。运输与作业无人系统指运输用无人机、农业喷洒无人机、森林救火无人机、灯光秀或城市拍摄服务无人机等各自组成的集群。

(2)无人系统按其智能化水平，可分为遥操性无人系统、半自主无人系统和自主无人系统等。遥操性无人系统指通过有线或无线操作的方式，控制机器人集群系统进行作业。半自主无人系统指机器人集群系统具备一定的智能特性，可通过接收上一级控制系统指令，自主完成作业任务。自主无人系统指机器人集群系统具备较强的智能特性，能自主完成作业任务。

1.3　无人系统的规划

从国务院2017年7月发布的《新一代人工智能发展规划》可看出，发展无人系统已上升至国家战略层面，无人机、无人车、无人船等无人系统已被列入国家战略发展的重点任务。

1.3.1 构建开放协同的人工智能科技创新体系

一、建立新一代人工智能基础理论体系

1. 突破应用基础理论瓶颈

瞄准应用目标明确、有望引领人工智能技术升级的基础理论方向，加强人机混合智能、群体智能、自主协同与决策等基础理论研究。群体智能理论重点突破群体智能的组织、涌现、学习的理论与方法，建立可表达、可计算的群智激励算法和模型，形成基于互联网的群体智能（简称群智）理论体系。自主协同控制与优化决策理论重点突破面向自主无人系统的协同感知与交互、自主协同控制与优化决策、知识驱动的人-机-物三元协同与互操作等理论，形成自主智能无人系统创新性理论体系架构。

2. 布局前沿基础理论研究

针对可能引发人工智能范式变革的方向，前瞻布局高级机器学习、类脑智能计算、量子智能计算等跨领域基础理论研究。高级机器学习理论重点突破自适应学习、自主学习等理论方法，实现具备高可解释性、强泛化能力的人工智能。类脑智能计算理论重点突破类脑的信息编码、处理、记忆、学习与推理理论，形成类脑复杂系统及类脑控制等理论与方法，建立大规模类脑智能计算的新模型和脑启发的认知计算模型。

专栏 1.1 基础理论

（1）混合增强智能理论。研究“人在回路”的混合增强智能，人机智能共生的行为增强与脑机协同，机器直觉推理与因果模型，联想记忆模型与知识演化方法，复杂数据和任务的混合增强智能学习方法，云机器人协同计算方法，真实世界环境下的情境理解及人机群组协同等。

（2）群体智能理论。研究群体智能结构理论与组织方法，群体智能激励机制与涌现机理，群体智能学习理论与方法，群体智能通用计算范式与模型等。

（3）自主协同控制与优化决策理论。研究面向自主无人系统的协同感知与交互，面向自主无人系统的协同控制与优化决策，知识驱动的人-机-物三元协同与互操作等理论。

（4）高级机器学习理论。研究统计学习基础理论，不确定性推理与决策，分布式学习与交互，隐私保护学习，小样本学习，深度强化学习，无监督学习，半监督学习、主动学习等学习理论和高效模型。

（5）类脑智能计算理论。研究类脑感知，类脑学习，类脑记忆机制与计算融合，类脑复杂系统，类脑控制等理论与方法。

二、建立新一代人工智能关键共性技术体系

围绕提升我国人工智能国际竞争力的迫切需求，新一代人工智能关键共性技术的研发部署要以算法为核心，以数据和硬件为基础，以提升感知识别、知识计算、认知推理、运动执行、人机交互能力为重点，形成开放兼容、稳定成熟的技术体系。

1. 知识计算引擎与知识服务技术

重点突破知识加工、深度搜索和可视交互核心技术，实现对知识持续增量的自动获取，具备概念识别、实体发现、属性预测、知识演化建模和关系挖掘能力，形成涵盖数十亿实体规模的多源、多学科和多数据类型的跨媒体知识图谱。

2. 跨媒体分析推理技术

重点突破跨媒体统一表征、关联理解与知识挖掘、知识图谱构建与学习、知识演化与推理、智能描述与生成等技术，实现跨媒体知识表征、分析、挖掘、推理、演化和利用，构建分析推理引擎。

3.群智关键技术

重点突破基于互联网的大众化协同、大规模协作的知识资源管理与开放式共享等技术，建立群智知识表示框架，实现基于群智感知的知识获取和开放动态环境下的群智融合与增强，支撑覆盖全国的千万级规模群体感知、协同与演化。

4.混合增强智能新架构与新技术

重点突破人机协同的感知与执行一体化模型、智能计算前移的新型传感器件、通用混合计算架构等核心技术，构建自主适应环境的混合增强智能系统、人机群组混合增强智能系统及支撑环境。

5.自主无人系统的智能技术

重点突破自主无人系统计算架构、复杂动态场景感知与理解、实时精准定位、面向复杂环境的适应性智能导航等共性技术，无人机自主控制以及汽车、船舶和轨道交通自动驾驶等智能技术，服务机器人、特种机器人等核心技术，支撑无人系统应用和产业发展。

6.智能计算芯片与系统

重点突破高能效、可重构类脑计算芯片和具有计算成像功能的类脑视觉传感器技术，研发具有自主学习能力的高效能类脑神经网络架构和硬件系统，实现具有多媒体感知信息理解和智能增长、常识推理能力的类脑智能系统。

7.自然语言处理技术

重点突破自然语言的语法逻辑、字符概念表征和深度语义分析的核心技术，推进人类与机器的有效沟通和自由交互，实现多风格、多语言、多领域的自然语言智能理解和自动生成。

专栏1.2　关键共性技术

(1)跨媒体分析推理技术。研究跨媒体统一表征、关联理解与知识挖掘、知识图谱构建与学习、知识演化与推理、智能描述与生成等技术，开发跨媒体分析推理引擎与验证系统。

(2)群体智能关键技术。开展群体智能的主动感知与发现、知识获取与生成、协同与共享、评估与演化、人机整合与增强、自我维持与安全交互等关键技术研究，构建群智空间的服务体系结构，研究移动群体智能的协同决策与控制技术。

(3)混合增强智能新架构和新技术。研究混合增强智能核心技术、认知计算框架、新型混合计算架构、人机共驾、在线智能学习技术、平行管理与控制的混合增强智能框架。

(4)自主无人系统的智能技术。研究无人机自主控制和汽车、船舶、轨道交通自动驾驶等智能技术，服务机器人、空间机器人、海洋机器人、极地机器人技术，无人车间/智能工厂智能技术，高端智能控制技术和自主无人操作系统；研究复杂环境下基于计算机视觉的定位、导航、识别等机器人及机械手臂自主控制技术。

(5)智能计算芯片与系统。研发神经网络处理器和高能效、可重构类脑计算芯片等，以及和新型感知芯片与系统、智能计算体系结构与系统和人工智能操作系统；研究适合人工智能的混合计算架构等。

(6)自然语言处理技术。研究短文本的计算与分析技术，跨语言文本挖掘技术和面向机器认知智能的语义理解技术，多媒体信息理解的人机对话系统。

三、统筹布局人工智能创新平台

建设布局人工智能创新平台，强化对人工智能研发应用的基础支撑。人工智能开源软、硬件基础平台重点建设支持知识推理、概率统计、深度学习等人工智能范式的统一计算框架平台，形成促进人工智能软件、硬件和智能云之间相互协同的生态链。群智服务平台重点建设基于互联网大规模协作的知识资源管理与开放式共享工具，形成面向产学研用创新环节的群智众创平台和服务环境。混合增强智能支撑平台重点建设支持大规模训练的异构实时计算引擎和新型计算集群，为复杂智能计算提供服务化、系统化平台和解决方案。自主无人系统支撑平台重点建设面向自主无人系统复杂环境下环境感知、自主协同控制、智能决策等人工智能共性核心技术的支撑系统，形成开放式、模块化、可重构的自主无人系统开发与试验环境。人工智能基础数据与安全检测平台重点建设面向人工智能的公共数据资源库、标准测试数据集、云服务平台等，形成人工智能算法与平台安全性测试评估的方法、技术、规范和工具集。促进各类通用软件和技术平台的开源开放。各类平台要按照军民深度融合的要求和相关规定，推进军民共享共用。

专栏 1.3　基础支撑平台
(1)群智服务平台。建立群智众创计算支撑平台、科技众创服务系统、群智软件开发与验证自动化系统、群智软件学习与创新系统、开放环境的群智决策系统、群智共享经济服务系统等。 (2)混合增强智能支撑平台。建立人工智能超级计算中心、大规模超级智能计算支撑环境、在线智能教育平台、“人在回路”驾驶脑、产业发展复杂性分析与风险评估的智能平台、支撑核电安全运营的智能保障平台、人机共驾技术研发与测试平台等。 (3)自主无人系统支撑平台。建立自主无人系统共性核心技术支撑平台，无人机自主控制以及汽车、船舶和轨道交通自动驾驶支撑平台，服务机器人、空间机器人、海洋机器人、极地机器人支撑平台，智能工厂与智能控制装备技术支撑平台等。 (4)人工智能基础数据与安全检测平台。建设面向人工智能的公共数据资源库、标准测试数据集、云服务平台，建立人工智能算法与平台安全性测试模型及评估模型，研发人工智能算法与平台安全性测评工具集。

四、加快培养聚集人工智能高端人才

把高端人才队伍建设作为人工智能发展的重中之重，坚持培养和引进相结合，完善人工智能教育体系，加强人才储备和梯队建设，特别是加快引进全球顶尖人才和青年人才，形成我国人工智能人才高地。

1.培育高水平人工智能创新人才和团队

支持和培养具有发展潜力的人工智能领军人才，加强人工智能基础研究、应用研究、运行维护等方面专业技术人才培养。重视复合型人才培养，重点培养贯通人工智能理论、方法、技术、产品与应用等的纵向复合型人才，以及掌握“人工智能+”经济、社会、管理、标准、法律等的横向复合型人才。通过重大研发任务和基地平台建设，汇聚人工智能高端人才，在若干人工智能重点领域形成一批高水平创新团队。鼓励和引导国内创新人才、团队加强与全球顶尖人工智能研究机构的合作与互动。

2. 加大高端人工智能人才引进力度

开辟专门渠道，实行特殊政策，实现人工智能高端人才精准引进。重点引进神经认知、机器学习、自动驾驶、智能机器人等国际顶尖科学家和高水平创新团队。鼓励采取项目合作、技术咨询等方式柔性引进人工智能人才。统筹现有人才计划，加强人工智能领域优秀人才特别是优秀青年人才引进工作。完善企业人力成本核算相关政策，激励企业、科研机构引进人工智能领域人才。

3. 建设人工智能学科

完善人工智能领域学科布局，设立人工智能专业，推动人工智能领域一级学科建设，尽快在试点院校建立人工智能学院，增加人工智能相关学科方向的博士、硕士招生名额。鼓励高校在原有基础上拓宽人工智能专业教育内容，形成"人工智能＋X"复合专业培养新模式，重视人工智能与数学、计算机科学、物理学、生物学、心理学、社会学、法学等学科专业教育的交叉融合。加强产学研合作，鼓励高校、科研院所与企业等机构合作开展人工智能学科建设。

1.3.2　培育高端高效的智能经济

加快培育具有重大引领带动作用的人工智能产业，促进人工智能与各产业领域深度融合，形成数据驱动、人机协同、跨界融合、共创分享的智能经济形态。数据和知识成为经济增长的第一要素，人机协同成为主流生产和服务方式，跨界融合成为重要经济模式，共创分享成为经济生态基本特征，个性化需求与定制成为消费新潮流，生产率大幅提升，引领产业向价值链高端迈进，有力支撑实体经济发展，全面提升经济发展质量和效益。

一、大力发展人工智能新兴产业

加快人工智能关键技术转化应用，促进技术集成与商业模式创新，推动重点领域智能产品创新，积极培育人工智能新兴业态，布局高端产业链，打造具有国际竞争力的人工智能产业集群。

1. 智能软硬件

开发面向人工智能的操作系统、数据库、中间件、开发工具等关键基础软件，突破图形处理器等核心硬件，研究图像识别、语音识别、机器翻译、智能交互、知识处理、控制决策等智能系统解决方案，培育、壮大面向人工智能应用的基础软、硬件产业。

2. 智能机器人

攻克智能机器人核心零部件、专用传感器技术，完善智能机器人硬件接口标准、软件接口协议标准以及安全使用标准。研制智能工业机器人、智能服务机器人，实现大规模应用并进入国际市场。研制和推广空间机器人、海洋机器人、极地机器人等特种智能机器人。建立智能机器人标准体系和安全规则。

3. 智能运载工具

发展自动驾驶汽车和轨道交通系统，加强车载感知、自动驾驶、车联网、物联网等技术集成和配套，开发交通智能感知系统，形成我国自主的自动驾驶平台技术体系和产品总成能力，探索自动驾驶汽车共享模式。发展消费类和商用类无人机、无人船，建立试验鉴定、测试、竞技等专业化服务体系，完善空域、水域管理措施。

4. 虚拟现实与增强现实

突破高性能软件建模、内容拍摄生成、增强现实与人机交互、集成环境与工具等关键技术，研制虚拟显示器件、光学器件、高性能真三维显示器、开发引擎等产品，建立虚拟现实与增强现实的技术、产品、服务标准和评价体系，推动重点行业融合应用。

5. 智能终端

提升智能终端核心技术和产品研发能力，发展新一代智能手机、车载智能终端等移动智能终端产品和设备，鼓励开发智能手表、智能耳机、智能眼镜等可穿戴终端产品，拓展产品形态和应用服务。

6. 物联网基础器件

发展支撑新一代物联网的高灵敏度、高可靠性智能传感器件和芯片，攻克射频识别、近距离机器通信等物联网核心技术和低功耗处理器等关键器件。

二、加快推进产业智能化升级

推动人工智能与各行业融合创新，在制造、农业、物流、金融、商务、家居等重点行业和领域开展人工智能应用试点示范，推动人工智能规模化应用，全面提升产业发展智能化水平。

1. 智能制造

围绕制造强国重大需求，推进智能制造关键技术装备、核心支撑软件、工业互联网等系统集成应用，研发智能产品及智能互联产品、智能制造使能工具与系统、智能制造云服务平台，推广流程智能制造、离散智能制造、网络化协同制造、远程诊断与运维服务等新型制造模式，建立智能制造标准体系，推进制造全生命周期智能化。

2. 智能农业

研制农业智能传感与控制系统、智能化农业装备、农机田间作业自主系统等。建立完善天-空-地一体化的智能农业信息遥感监测网络。建立典型农业大数据智能决策分析系统，开展智能农场、智能从植物工厂、智能牧场、智能渔场、智能果园、农产品加工智能车间、农产品绿色智能供应链等集成应用示范。

3. 智能物流

加强智能化装卸搬运、分拣包装、加工配送等智能物流装备研发和推广应用，建设深度感知智能仓储系统，提升仓储运营管理水平和效率。完善智能物流公共信息平台和指挥系统、产品质量认证及追溯系统、智能配货调度体系等。

4. 智能金融

建立金融大数据系统，提升金融多媒体数据处理与理解能力。创新智能金融产品和服务，发展金融新业态。鼓励金融行业应用智能客服、智能监控等技术和装备。建立金融风险智能预警与防控系统。

5. 智能商务

鼓励跨媒体分析与推理、知识计算引擎与知识服务等新技术在商务领域应用，推广基于人工智能的新型商务服务与决策系统。建设涵盖地理位置、网络媒体和城市基础数据等跨媒体大数据平台，支撑企业开展智能商务。鼓励围绕个人需求、企业管理，提供定制化商务智能决策服务。

6.智能家居

加强人工智能技术与家居建筑系统的融合应用，提升建筑设备及家居产品的智能化水平。研发适应不同应用场景的家庭互联互通协议、接口标准，提升家电、耐用品等家居产品感知和联通能力。支持智能家居企业创新服务模式，提供互联共享解决方案。

三、大力发展智能企业

大规模推动企业智能化升级。支持和引导企业在设计、生产、管理、物流和营销等核心业务环节应用人工智能新技术，构建新型企业组织结构和运营方式，形成制造与服务、金融智能化融合的业态模式，发展个性化定制，扩大智能产品供给。鼓励大型互联网企业建设云制造平台和服务平台，面向制造企业在线提供关键工业软件和模型库，开展制造能力外包服务，推动中小企业智能化发展。

1.推广应用智能工厂

加强智能工厂关键技术和体系方法的应用示范，重点推广生产线重构与动态智能调度、生产装备智能物联与云数据采集、多维人机物协同与互操作等技术，鼓励和引导企业建设工厂大数据系统、网络化分布式生产设施等，实现生产设备网络化、生产数据可视化、生产过程透明化、生产现场无人化，提升工厂运营管理智能化水平。

2.加快培育人工智能产业领军企业

在无人机、语音识别、图像识别等优势领域加快打造人工智能全球领军企业和品牌。在智能机器人、智能汽车、可穿戴设备、虚拟现实等新兴领域加快培育一批龙头企业。支持人工智能企业加强专利布局，牵头或参与国际标准制定。推动国内优势企业、行业组织、科研机构、高校等联合组建中国人工智能产业技术创新联盟。支持龙头骨干企业构建开源硬件工厂、开源软件平台，形成集聚各类资源的创新生态，促进人工智能中小微企业发展和各领域应用。支持各类机构和平台面向人工智能企业提供专业化服务。

四、打造人工智能创新高地

结合各地区基础和优势，按人工智能应用领域分门别类进行相关产业布局。鼓励地方围绕人工智能产业链和创新链，集聚高端要素、高端企业、高端人才，打造人工智能产业集群和创新高地。

1.开展人工智能创新应用试点示范

在人工智能基础较好、发展潜力较大的地区，组织开展国家人工智能创新试验，探索体制机制、政策法规、人才培育等方面的重大改革，推动人工智能成果转化、重大产品集成创新和示范应用，形成可复制、可推广的经验，引领带动智能经济和智能社会发展。

2.建设国家人工智能产业园

依托国家自主创新示范区和国家高新技术产业开发区等创新载体，加强科技、人才、金融、政策等要素的优化配置和组合，加快培育建设人工智能产业创新集群。

3.建设国家人工智能众创基地

依托从事人工智能研究的高校、科研院所集中地区，搭建人工智能领域专业化创新平台等新型创业服务机构，建设一批低成本、便利化、全要素、开放式的人工智能众创空间，完善孵化服务体系，推进人工智能科技成果转移转化，支持人工智能创新创业。

1.3.3 建设安全便捷的智能社会

围绕提高人民生活水平和质量的目标，加快人工智能深度应用，形成无时不有、无处不在的智能化环境，大幅提升全社会的智能化水平。越来越多的简单性、重复性、危险性任务由人工智能完成，个体创造力得到极大发挥，形成更多高质量和高舒适度的就业岗位；精准化智能服务更加丰富多样，人们能够最大限度享受高质量服务和便捷生活；社会治理智能化水平大幅提升，社会运行更加安全高效。

一、发展便捷高效的智能服务

围绕教育、医疗、养老等迫切民生需求，加快人工智能创新应用，为公众提供个性化、多元化、高品质服务。

1. 智能教育

利用智能技术加快推动人才培养模式、教学方法改革，构建包含智能学习、交互式学习的新型教育体系。开展智能校园建设，推动人工智能在教学、管理、资源建设等全流程应用。开发立体综合教学场、基于大数据智能的在线学习教育平台。开发智能教育助理，建立智能、快速、全面的教育分析系统。建立以学习者为中心的教育环境，提供精准推送的教育服务，实现日常教育和终身教育定制化。

2. 智能医疗

推广应用人工智能治疗新模式、新手段，建立快速、精准的智能医疗体系。探索智慧医院建设，开发人机协同的手术机器人、智能诊疗助手，研发柔性可穿戴、生物兼容的生理监测系统，研发人机协同临床智能诊疗方案，实现智能影像识别、病理分型和智能多学科会诊。基于人工智能开展大规模基因组识别、蛋白组学、代谢组学等研究和新药研发，推进医药监管智能化。加强流行病智能监测和防控。

3. 智能健康和养老

加强群智健康管理，突破健康大数据分析、物联网等关键技术，研发健康管理可穿戴设备和家庭智能健康检测、监测设备，推动健康管理实现从点状监测向连续监测、从短流程管理向长流程管理转变。建设智能养老社区和机构，构建安全便捷的智能化养老基础设施体系。加强老年人产品智能化和智能产品适老化，开发视听辅助设备、物理辅助设备等智能家居养老设备，拓展老年人活动空间。开发面向老年人的移动社交和服务平台、情感陪护助手，提升老年人生活质量。

二、推进社会治理智能化

围绕行政管理、司法管理、城市管理、环境保护等社会治理的热点难点问题，促进人工智能技术应用，推动社会治理现代化。

1. 智能政务

开发适于政府服务与决策的人工智能平台，研制面向开放环境的决策引擎，在复杂社会问题研判、政策评估、风险预警、应急处置等重大战略决策方面推广应用。加强政务信息资源整合和公共需求精准预测，畅通政府与公众的交互渠道。

2. 智慧法庭

建设集审判、人员、数据应用、司法公开和动态监控于一体的智慧法庭数据平台，促进人工智能在证据收集、案例分析、法律文件阅读与分析中的应用，实现法院审判体系和审判能力智能化。

3. 智慧城市

构建城市智能化基础设施，发展智能建筑，推动地下管廊等市政基础设施智能化改造升级；建设城市大数据平台，构建多元异构数据融合的城市运行管理体系，实现对城市基础设施和城市绿地、湿地等重要生态要素的全面感知以及对城市复杂系统运行的深度认知；研发构建社区公共服务信息系统，促进社区服务系统与居民智能家庭系统协同；推进城市规划、建设、管理、运营全生命周期智能化。

4. 智能交通

研究建立营运车辆自动驾驶与车路协同的技术体系；研发复杂场景下的多维交通信息综合大数据应用平台，实现智能化交通疏导和综合运行协调指挥，建成覆盖地面、轨道、低空和海上的智能交通监控、管理和服务系统。

5. 智能环保

建立涵盖大气、水、土壤等环境领域的智能监控大数据平台体系，建成陆海统筹、天地一体、上下协同、信息共享的智能环境监测网络和服务平台。研发资源能源消耗、环境污染物排放智能预测模型方法和预警方案。加强京津冀、长江经济带等国家重大战略区域环境保护和突发环境事件的智能防控体系建设。

三、利用人工智能提升公共安全保障能力

促进人工智能在公共安全领域的深度应用，推动构建公共安全智能化监测预警与控制体系。围绕社会综合治理、新型犯罪侦查、反恐等迫切需求，研发集成多种探测传感技术、视频图像信息分析识别技术、生物特征识别技术的智能安防与警用产品，建立智能化监测平台。加强对重点公共区域安防设备的智能化改造升级，支持有条件的社区或城市开展基于人工智能的公共安防区域示范。强化人工智能对食品安全的保障，围绕食品分类、预警等级、食品安全隐患及评估等，建立智能化食品安全预警系统。加强人工智能对自然灾害的有效监测，围绕地震灾害、地质灾害、气象灾害、水旱灾害和海洋灾害等重大自然灾害，构建智能化监测预警与综合应对平台。

四、促进社会交往共享互信

充分发挥人工智能技术在增强社会互动、促进可信交流中的作用。加强新一代社交网络研发，加快增强现实、虚拟现实等技术推广应用，促进虚拟环境和实体环境协同融合，满足个人感知、分析、判断与决策等实时信息需求，实现在工作、学习、生活、娱乐等不同场景下的流畅切换。针对改善人际沟通障碍的需求，开发具有情感交互功能、能准确理解人的需求的智能助理产品，实现情感交流和需求满足的良性循环。促进区块链技术与人工智能的融合，建立新型社会信用体系，最大限度降低人际交往成本和风险。

1.3.4 加强人工智能领域融合发展

深入贯彻落实融合发展战略，推动形成全要素、多领域、高效益的人工智能融合发展格局。以共享、共用为导向部署新一代人工智能基础理论和关键共性技术研发，建立科研院所、高校以及企业的常态化沟通协调机制。

1.3.5 构建泛在安全高效的智能化基础设施体系

大力推动智能化信息基础设施建设，提升传统基础设施的智能化水平，形成适应智能经济、智能社会和国防建设需要的基础设施体系。加快推动以信息传输为核心的数字化、网络化信息基础设施，向集融合感知、传输、存储、计算、处理于一体的智能化信息基础设施转变。优化升级网络基础设施，研发布局第五代移动通信(5G)系统，完善物联网基础设施，加快天地一体化信息网络建设，提高低时延、高通量的传输能力。统筹利用大数据基础设施，强化数据安全与隐私保护，为人工智能研发和广泛应用提供海量数据支撑。建设高效能计算基础设施，提升超级计算中心对人工智能应用的服务支撑能力。建设分布式高效能源互联网，形成支撑多能源协调互补、及时有效接入的新型能源网络，推广智能储能设施、智能用电设施，实现能源供需信息的实时匹配和智能化响应。

专栏 1.4　智能化基础设施
(1)网络基础设施。加快布局实时协同人工智能的5G增强技术研发及应用，建设面向空间协同人工智能的高精度导航定位网络，加强智能感知物联网核心技术攻关和关键设施建设，发展支撑智能化的工业互联网、面向无人驾驶的车联网等，研究智能化网络安全架构。加快建设天地一体化信息网络，推进天基信息网、未来互联网、移动通信网的全面融合。 (2)大数据基础设施。依托国家数据共享交换平台、数据开放平台等公共基础设施，建设政府治理、公共服务、产业发展、技术研发等领域大数据基础信息数据库，支撑开展国家治理大数据应用。整合社会各类数据平台和数据中心资源，形成覆盖全国、布局合理、链接畅通的一体化服务能力。 (3)高效能计算基础设施。继续加强超级计算基础设施、分布式计算基础设施和云计算中心建设，构建可持续发展的高性能计算应用生态环境。推进下一代超级计算机研发应用。

1.3.6 前瞻布局新一代人工智能重大科技项目

针对我国人工智能发展的迫切需求和薄弱环节，设立新一代人工智能重大科技项目。加强整体统筹，明确任务边界和研发重点，形成以新一代人工智能重大科技项目为核心、现有研发布局为支撑的“1＋N”人工智能项目群。

“1”是指新一代人工智能重大科技项目，聚焦基础理论和关键共性技术的前瞻布局，包括研究大数据智能、跨媒体感知计算、混合增强智能、群体智能、自主协同控制与决策等理论，研究知识计算引擎与知识服务技术、跨媒体分析推理技术、群体智能关键技术、混合增强智能新架构与新技术、自主无人控制技术等，开源共享人工智能基础理论和共性技术。持续开展人工智能发展的预测和研判，加强人工智能对经济社会综合影响及对策研究。

"N"是指国家相关规划计划中部署的人工智能研发项目，重点是加强与新一代人工智能重大科技项目的衔接，协同推进人工智能的理论研究、技术突破和产品研发应用。加强与国家科技重大专项的衔接，在"核高基"（核心电子器件、高端通用芯片、基础软件）、集成电路装备等国家科技重大专项中支持人工智能软硬件发展。加强与其他"科技创新2030—重大项目"的相互支撑，加快脑科学与类脑计算、量子信息与量子计算、智能制造与机器人、大数据等研究，为人工智能重大技术突破提供支撑。国家重点研发计划继续推进高性能计算等重点专项实施，加大对人工智能相关技术研发和应用的支持；国家自然科学基金加强对人工智能前沿领域交叉学科研究和自由探索的支持。在深海空间站、健康保障等重大项目，以及智慧城市、智能农机装备等国家重点研发计划重点专项部署中，加强人工智能技术的应用示范。其他各类科技计划支持的人工智能相关基础理论和共性技术研究成果应开放共享。

创新新一代人工智能重大科技项目组织实施模式，坚持集中力量办大事、重点突破的原则，充分发挥市场机制作用，调动部门、地方、企业和社会各方面力量共同推进实施。明确管理责任，定期开展评估，加强动态调整，提高管理效率。

工业和信息化部《促进新一代人工智能产业发展三年行动计划（2018—2020）》在行动目标中把智能服务机器人、智能无人机等无人系统产品作为人工智能的标志性产品要求取得重大突破，成为国际竞争的优势。把握人工智能的发展趋势，构建完善新一代人工智能产业体系。支持智能避障、自动巡航、面向复杂环境的自主飞行，群体作业等关键技术研发与应用，推动新一代通信及定位导航技术在无人机数据传输、链路控制、监控管理等方面的应用，开展智能飞行控制系统、高集成度专用芯片等关键部件的研制。

2018年8月，美国国防部发布《2017—2042年无人系统综合路线图》（以下简称"新版美国路线图"），这是美国自2001年以来发布的第8版无人机/无人系统综合路线图，指导军用无人机、无人潜航器、无人水面艇、无人地面车辆等的全面发展。新版美国路线图强调，为适应未来联合作战需求，无人系统应聚焦全部作战域，而非特定作战域，相关技术应支撑跨域指控、跨域通信以及与联合部队的集成。新版美国路线图主要围绕互用性、自主性、网络安全、人机协同4个主题展开，梳理了通用/开放架构、人工智能和机器学习、网络运行、电磁频谱和电子战、人机编组等14项因素。

美国国防部在《2009—2034年无人系统综合路线图》中指出，到2034年地面无人系统能够全自主执行任务。近年来，利用集群智能算法能够实现协同作战的自主地面无人系统备受重视，主要研究国家一致认为，未来无人系统将优先以集群样式投入作战。美国DARPA在2015年启动"无人集群挑战项目"，并开展无人系统集群算法研究；2017年启动"进攻集群使能战术"项目，研发基于开放式架构的集群战术生态系统，通过生成、评估和集成无人系统集群战术，推动无人系统集群在城区作战中的应用研究。

1.4 无人系统面临的冲击与挑战

无人系统为人类带来了便利，同时也带来了诸多安全威胁，尤其在无人机和无人驾驶汽车方面，表现得更为突出。

2017 年 4 月 14 日至 21 日，四川省成都市成都双流国际机场连续发生多次无人机空中接近民航客机的事件，使机场运营受到严重影响，造成大量航班备降(见图 1.3)。

航班号	机号	出发地	计划到达	实际到达	状态
TV9832	B6440	深圳	20:35	20:03	正在备降
CZ3865	B5746	揭阳	20:25	20:14	正在备降
CZ3483	B5609	广州	20:20	20:18	正在备降
CZ3241	B5419	南宁	20:20	20:06	正在备降
CA4314	B6915	深圳	20:05	19:49	正在备降
9C8526	B1839	万伦	19:45	19:10	正在备降
3U8704	B6839	深圳	19:40	19:21	正在备降
3U8734	B9936	广州	19:35	19:25	正在备降
MU5853	B5527	昆明	19:35	19:16	正在备降
FM9549	B5140	上海虹桥	19:25	19:35	正在备降
JD5177	B8551	三亚	19:20	19:15	正在备降
CA4506	B6631	南京	19:15	20:06	正在备降
CA408	B6226	拉萨	19:10	19:02	正在备降
TV9926	B8841	万州	19:05	18:43	正在备降
ZH9541	B1713	无锡	18:50	19:20	正在备降
MU2219	B6716	安庆	18:45	19:24	正在备降
MF8453	B6849	长沙	18:40	18:54	正在备降

图 1.3　航班延迟图

2014 年 3 月 15 日，一架无人机险些撞上一辆从伦敦希斯罗机场开出的 A320 空中巴士。该无人机与客机仅不到 50 英尺①的距离(客机距离地面约 1 700 英尺)。

2015 年 1 月 20 日，一架携带冰毒的无人机欲从墨西哥进入美国边境。据悉，该无人机在墨西哥城的提华纳市超市停车场携带了超过 6 英镑②的毒品生产原料。美国禁药取缔机构表示，无人机已成为运输毒品过境的常见手段。

中国航天科技集团系统科学与工程研究院院长薛惠锋表示，“低慢小”航空器具备一定负载能力，能携带危险物品和小型武器，存在安全隐患。同时，还可能对空中航线造成干扰，易引发航空事故。

2018 年 3 月 18 日晚 10 点左右，伊莱恩·赫茨伯格(Elaine Herzberg)在亚利桑那州坦佩

① 英尺(ft)：英制长度单位。1 ft≈0.304 8 m。

② 英磅(lb)：英制质量单位。1 lb≈0.453 6 kg。

市骑车横穿马路，被一辆自动驾驶汽车撞倒，不幸身亡。虽然车上有安全驾驶员，但当时汽车完全由自动驾驶系统(人工智能)控制。和其他涉及人与 AI 技术交互的事故一样，这起事故提出了一系列的道德和原始法律问题：开发该系统的程序员在防止该系统夺人性命方面负有怎样的道德责任？谁应该为赫茨伯格的死负责？是坐在驾驶位上的那个人吗？是测试那辆汽车的公司吗？是车辆 AI 系统的设计者吗？还是车载感应设备的制造商？

根据调查显示，全世界每年有 120 万人死于交通事故中，而无人驾驶技术的提出所要实现的目标就是减少 90%的交通事故。事故的来源无疑是人的过错。所以，自动驾驶的出现用来解放人类双手，它的终极目标还是降低交通事故的发生率。如果未来的某一天，自动驾驶进入人们的生活，试想有这样一个场景：当自动驾驶汽车在行驶的过程中突然出现了机械故障，刹车失灵(这里假设汽车是完全自动化的，没有紧急制动功能)，人无法操作，这时候前方有一群闯红灯的人，而人行横道上走着一位老人，那么，此时自动驾驶系统应作何选择？是直接冲向人群还是避开人群撞向人行横道行走的老爷爷，或者是撞墙牺牲车主。当然，这种假设是把最坏的情况列举出来，但我们也不能保证这样的低概率事件不会发生。先不说智能系统要如何选择，如果不是自动驾驶，人在面对这种情形时会把车转向哪个方向？毫无疑问，人肯定会本能的保护自己的生命安全，然后基于此来尽可能地降低伤害，但是在紧要关头，很多人是来不及思考的，那种舍己保全大局者也只是极少部分的人。但当我们转向智能系统，它所要做的选择，就需要设计者甚至是使用者从道德层面来进行权衡考量。

有人会说，既然自动驾驶技术还不够成熟，那就等到它真正的足够安全再普及不就好了。假如，现在的安全系数已经达到了 90%，但还有 10%需要经过 50 年甚至更久才能达到，那么，这项技术该不该放弃，也是需要考虑的一个问题。而且按照目前交通事故死亡率计算，可能还要牺牲大量生命，因而，技术的发展刻不容缓。

我们再回到智能系统选择的问题上，如果人行横道上是一位壮汉，一个小孩或者恰巧是一个通缉犯，系统是否也应该进行“思考”计算，这样的情况该如何决策？

2016 年，麻省理工学院媒体实验室的研究人员就做了这样一项实验。他们建立了一个名为“道德机器”的网站，通过让人们体验 13 种不同的无人驾驶汽车场景来了解人们希望无人驾驶汽车有怎样的行动模式。通过两年的调查研究，他们分析了来自 233 个国家的 230 万参与者的 3 961 万项决策，并发表在《自然》杂志上，这项研究的结果表明，在机器如何对待我们的问题上，它判断的标准是根据我们居住地的经济和文化规范所决定的。例如，对于自动驾驶汽车该有怎样的行为模式，从文化角度来说，在偏重个人主义文化的国家往往更倾向于让无人驾驶汽车保护孩子而非老人，对于偏重集体主义文化的国家则更重视老人的生命。研究人员认为，这种分歧可能是制定有关自动驾驶汽车应如何行动全球指导方针的最大挑战。他们写道：“对于政策制定者来说，保护更多的人和年轻人的偏好可能是最重要的考虑因素，因此个人主义和集体主义文化之间的差异可能会成为制定通用机器伦理的一个重要障碍。”除了文化差异以外，研究还发现，经济学在该问题上也发挥着重要作用。例如，透过一个国家的经济不平等程度，可以预测人们愿意优先保护社会地位较高的人而不是社会地位较低的人的强度。同样地，对于乱穿马路的问题，一个国家的人均国内生产总值和制度的力量与保护遵守交通规则的人的偏好程度相关。于是，就有来自较贫穷国家的人往往对横穿马路的行人更加宽容。研究人员认为，在制定决策系统和法规时，自动驾驶汽车制造商和政治家需要考虑到所有的这些差异。这一点很重要：“尽管公众的道德偏好不一定是道德政策的主要决定因素，但人们多大程度上愿意购买自动驾驶汽车以及容忍它们上路行驶，将取决于所采用的道德规则的适合性。”

毕竟系统是人为设计的，当发生突发事件的时候，被设计好的系统应该具备顾全大局的能力，从社会道德层面上讲，牺牲少数应该为最佳选择。但这只是设计者本应有的职业道德思想，所设计出来的产品应该反应社会价值。这并不代表大众，也不是所有人都有高尚的道德观念，于是就有这样一项调查：边沁认为车辆应该遵循功利主义道德，采取最小伤害原则。康德则认为车辆应该遵循义不容辞原则，即车辆不能有意去伤害任何人，不能让它有选择性伤害人的“想法”，只需让车辆顺其自然直行，即使这样可能会伤害到更多的人。结果显示，大部分人支持边沁，但事实上没有人愿意买这样的车，他们都希望买到能够保障自己安全的车，同时也希望别人买可将伤害降到最低的车，这就是所谓的社会道德困境。

从法律和技术层面而言，以无人机、无人汽车等为代表的无人系统监管是全球共性难题，一些相关管理规定与市场和实践前沿相比较，仍存在一定滞后性，因此需要集合政府、科技、市场、法律以及全行业的智慧和技术共同建立切实可行的监管标准和执行细则。

19 世纪英国经济学家威廉·福斯特·劳埃德出版的一本宣传册中描述了这样一个场景：一群农场主在一片农场放羊，每个农场主都拥有一定数量的羊(1～2 只)，所以这片土地的植被还可以再生长，如果一个农场主偷偷多放了一只羊，他自身获益更多，而其他人也没什么损失，如果每个农场主都擅自增加羊的数量，那么土地就会变得不堪重负，所有人的利益都将受损。把这个例子放在无人驾驶的问题上，公共土地就好比公共安全，农场主就是行人、乘客、车主，如果有人自作主张的把自身安全凌驾于他人利益之上，这些人可能就损害了能将损失降到最低的公共利益，无人驾驶存在的问题是没有人去做决策，而制造商会本能地把行车程序设定成最大程度保护车主的安全，然后行车程序会自主学习，于是这一过程就会增加对行人的潜在危险，假如羊变成机器羊，他会自己去吃草，农场主并不知道，这就是所谓的算法共享悲剧。

20 世纪 40 年代，俄国科幻小说家艾萨克·阿西莫夫的著作《机器人三大法则》中对机器人的定义是：机器人不能伤害人类；机器人不能违背人的意愿；机器人不能擅自伤害自己。但随着太多的事件不断挑战这些法则的底线，阿西莫夫又引出第零号法则，即机器人不能伤害人类这个整体。所以，针对无人车立法不仅仅是技术问题，还是一个社会合作问题。研究人员写道：“在人类历史上，我们从未允许机器在没有实时监控的情况下，在一瞬间自主决定谁该活谁该死。尽管不同文化之间存在差异，我们需要进行一次全球性的、包容性的对话，讨论我们在机器决策的问题上有什么样的伦理道德，向设计道德算法的公司和监管它们的政策制定者表达我们的偏好，这些见解可以为机器伦理的国际准则提供基础。”

通常情况下，社会政府会商议制定规则来解决社会道德困境问题，内容就是我们大部分人能接受什么样的后果以及对个人行为施加什么形式的限制，再通过监管和强制执行，就可以确定公共利益得到了保证。用立法的方式，把无人驾驶技术的危险降到最低，这是所有人共同的意愿。但是再换一个角度想，作为一个个体，选择牺牲自己的这种方式也不是只有一个人而已。有人就不同意立法，说不会买在这样条件下制定规则(使得车的损失最小)的车，如果让无人车遵循最小损失原则，我们人类的损失会更大，因为我们放弃了这种远超人类驾驶员的安全性。

至此，无人驾驶技术面临的社会道德伦理问题，不单单只是设计者制造商需要考虑的，而是要团结整个社会，决定哪种折中方案是大家都可以接受的，要商讨出可以有效推行这种权衡决策的方法，从各个方面说，作为最终的使用者是很难抉择的。同样的，立法者也不能容易的判定是谁的过错，这是道德的考量。因此，如何处理道德困境，人们需要对自己的决定进行反思，对于动物保护者来说，他们或许更愿意保护马路中间的动物而牺牲儿童，但研究发现，世界各地的人趋向于希望自动驾驶汽车优先保护人类而非动物，保护尽可能多的人，这也是德国公布的首份自动驾驶伦理道德标准中的规定。这不是一个典型的例子，但大部分人会有这样的想法，或者是保护乘客而不是行人，甚至相当多的人支持严惩横穿马路的行人。无人车转向还是直行已经不是核心问题了，关键是如何让大众在他们能够接受的权衡方案中达成一致并付诸实施。当这些“危及生命的两难困境出现时”，必须要有相关的国际准则。这些讨论不应该局限于设计者和政策制定者，毕竟这些问题会影响到每一个人。

第2章　无人系统发展现状

经过多年的发展，无人系统已获得广泛应用——有应用于日常家居的服务型无人系统，有应用于物流配送的无人系统，有应用于工业生产线的无人系统，还有应用于军事领域的无人系统，等等。

2.1　车辆无人系统

车辆无人系统在2020年中央电视台春节联欢晚会上表现亮眼，阿波罗无人车领衔中国高科技车队在夜色中开上了港珠澳大桥(见图2.1)。伴随着跨海大桥的新年礼花绽放和舞者们的激情表演，由无人车、无人机、无人船组成的中国无人驾驶科技产品编队在全球最长跨海大桥——港珠澳大桥的桥面、桥下海域以及大桥上空组成了海陆空“无人驾驶仪仗队”。

图2.1　无人车队

高科技车队还在香港、珠海、澳门做出了同时直行、编队蛇行、同时列队超车等多个复杂的车队阵形，堪称春晚历史上最引人注目的高新科技表演之一。在这些车辆中，排在前面的就是搭载了自动驾驶技术的28辆无人车，其中包括18辆轿车、5辆小巴车、5辆无人送货车与无人扫地车。

2019年11月，深圳市福田区环卫项目启动仪式在深圳市民中心南广场举行(见图2.2)。首批在福田区投放的智能小型环卫机器人编队，包括“智能驾驶纯电动一体式清扫机器人、智能驾驶纯电动一体式冲洗机器人、智能驾驶纯电可转场型洁扫机器人、智能自跟随环卫洗扫机器人、环卫纯电保洁机器人”等，被誉为“城市毛细血管清道夫”。

基于“5G＋人工智能”理念，5G＋环卫机器人(见图 2.2)普遍搭载了激光雷达、毫米波雷达、超声波雷达、多目高清摄像头以及 5G 模块等，具有数据交互能力强、信息响应速度快、应用模式更加智能等特点，能从事洒水、垃圾清扫、捡拾垃圾、垃圾转运等任务，可分时段、分区域工作，这将深度发挥“5G＋人工智能”优势，打造全国领先的智能清扫样板街区，突出“智能、高效、安全”特色，树立了全国环卫行业的新模式、新标准。

图 2.2　无人环卫机器人

2.2　物流无人系统

2.2.1　物流分拣无人系统

物流分拣是人员劳动密集度较高的行业。通过向分拣无人系统的每个分拣机器人身上安装摄像头，借助布置好的二维码路标，机器人就能在分拣线路上自主运行。分拣无人系统的指挥控制部分通过向分拣口货物下达到达位置指令，控制机器人分拣货物；通过指挥控制部分规划的最优路径，确保货物运行到应该到达的位置；通过机械结构和自动化装置，将货物卸下(见图 2.3)。物流分拣无人系统的效率约为传统人工分拣员效率的 3 倍。

(a)

(b)

图 2.3　物流分拣无人系统

2.2.2 物流配送无人系统

在物流配送无人系统业务方面，北京京东世纪贸易有限公司在 2018 年建成了智能配送站。智能配送站设有自动化分拣区，配送机器人停靠区、充电区、装载区等多个区域，可同时容纳 20 台配送机器人，完成货物分拣、机器人停靠、机器人充电等一系列环节(见图 2.4)。

(a)

(b)

图 2.4 物流配送无人系统

2.3 智能制造无人系统

早在 20 世纪末期，中国科学院沈阳自动化研究所的科研团队就提出了多机器人协作装配系统(multi-robot cooperative assmbly system，MRCAS)。该系统由组织级计算机、三台工业机器人和一台全方位移动小车(omni directional vehicle，ODV)组成，系统采用分层递阶体系结构。利用 MRCAS 系统进行了多机器人协作装配的实验：在 ODV 装配平台上，四台机器人合作装配一个大型桁架式工件。该工件具有多种装配构型，但是任何一台机器人不能独立完成装配。

面对市场需求个性化的发展趋势，传统大规模的生产模式逐渐向多品种、小批量的生产模式转变，由此也对企业的柔性制造能力提出更高要求(见图 2.5)。在智能制造方面，无人系统实现了无人值守的全自动化生产模式，增强了企业制造的灵活性，有效降低了生产成本，提高了生产效率，拥有无可比拟的优势，因此得到了蓬勃发展。

(a)

(b)

图 2.5 智能制造无人系统

2.4　农业无人系统

在现代农业方面，无人系统在农田施肥、耕种，农作物采摘等方面，有着越来越广泛的应用。果蔬采摘无人系统的作业环境和作业对象复杂，是农业无人系统的突出代表。果蔬采摘无人系统利用多传感器对果蔬信息进行获取，通过决策部件对采摘条件实施判断，采用定位装置标定采摘位置，最后由采摘部件进行采摘，整个无人系统在识别、判断、抓取、切割、回收、移动等多个流程和动作高度协同。相比其他农业无人系统，采摘无人系统的技术条件要求更高，它需要精准判断环境，同时需要避免损坏采摘植物的根或茎，还需要避免损伤果蔬，保证果蔬完好。

无人机系统以其作业效率高、劳动强度小、综合成本低等方面的优势，迅速成为农业作业过程中的一种重要平台，已经在精量播种、植被检测、农药喷洒等不同类型的农业作业中有着广泛的应用(见图 2.6)。使用无人系统服务现代农业，尤其是农药喷洒等作业，可以进行精准农业作业，实现喷药效率高、防治效果好、综合成本低等效果，从而解决传统的农药喷洒等作业存在的人身安全、资源浪费、喷洒效果差等问题。无人机系统也是推动现代农业统防统治事业科学发展的重要方面。

(a)

(b)

图 2.6　农业无人系统图

2.5　军用无人系统

军用无人系统是无人系统发展最早，也是发展最迅速的一个分支。目前，世界各军事强国都发展了各类军用无人系统，并进入了实际测试和应用阶段。

2.5.1　无人飞行器集群系统

法国动物学家 Grasse 基于白蚁筑巢行为，提出了共识自主性(stigmergy)概念。共识自主性是一种个体间间接协调的机制，指的是不需要任何集中规划以及直接通信完成复杂智能活动。该概念的提出是自主集群概念开始走入人类视野并逐步发展的开端。

从生物延展到无人机，自主集群的概念亦在不断演化与丰富。无人机自主集群是大量自驱动系统的集体运动，集群内的无人机之间通过信息的传输与合作体现出智能性，具备一定程度的共识自主性(见图 2.7)。具体来说，无人机自主集群飞行，就是大量具有自主能力的无人机按照一定结构形式进行三维空间排列，且在飞行过程中可保持稳定队形，并能根据外部情况和任务需求进行队形动态调整，以体现整个机群的协调一致性(见图 2.8)。

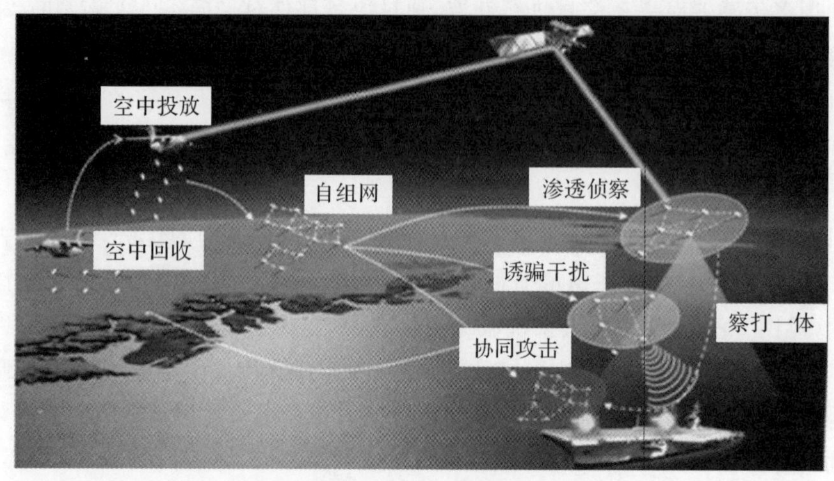

图 2.7　作战构想图

图 2.8　无人机编队图

无人机自主集群的内涵在“数”“价”“质”“变”4 个方面有别于传统的多架无人机协同：

(1)“数”是指二者数量规模不在一个量级，集群一般指几十架甚至上百架无人机；

(2)“价”是指二者平台造价不在一个水平，组成集群的单无人机平台价格低廉，可大量装备，使用时即使有损失，也不会过于惨重，故可大胆使用；

(3)“质”是指二者技术水平差距大，在智能传感、环境感知、分析判断、网络通信、自主决策等方面均不在一个层次，无人机自主集群是有很强的智能涌现的共识自主性；

(4)“变”是指二者适变和应变能力差距大，无人机自主集群可针对威胁等突发状况进行复杂协作、动态调整以及自愈组合。

2.5.2　无人车辆集群系统

车辆集群在军事应用中最早体现在陆军方面，而多车辆集群作战也较早由美国陆军提出。为适应战场上的新挑战和威胁，美国陆军在《美国陆军 2028 年多域战》的报告中，提出面向 2028 年的多域战概念。

2017 年 3 月，在美国陆军协会主办的“多域战——全球军力研讨年会”开幕式上，美国陆军训练与条令司令部司令帕金斯提出美国陆军未来作战应重点发展的八大关键能力，其中就包括单兵/编队作战能力与无人地面系统集群化作战运用相关的内容。为此，美军在平台研发、协同技术、算法开发以及系统试验等方面展开了一系列研究。

美国陆军正在通过“联合能力技术演示验证”，即“僚机”项目发展武装机器人作战车辆，使其将来能与士兵进行编队作战。该项目于 2017 年正式启动，为期 3 年，投入约 2 000 万美元。目前，该项目已经实现一辆无人驾驶的武装机器人作战车辆和一辆有人驾驶的“悍马”指挥控制车组成编队进行作战，下一步将扩展到 m113 步兵战车或更大型的作战车辆，进行有人/无人编队作战试验。

在系统试验方面，美国陆军研究实验室早在 2014 年就举行过有人/无人编队演习，演练无人系统与步兵的编队作战情况，目的是研究士兵在作战环境中应如何利用自主系统（见图 2.9）。

图 2.9　美国陆用无人车队

无人车可用于侦察监视、警戒巡逻、城市巷战、电磁对抗、地面通信中继、定位引导、高危作业、阵地冲锋、物资运输等任务。侦察巡逻型无人车用于对战术目标和周围危险环境的观测；武装型无人车可在滩涂等环境突破敌方火力封锁区；运输型无人车可后勤补给、运送伤员；中继型无人车用于支撑复杂环境通信。

2.5.3　无人船舶集群系统

2014 年 8 月，美国海军远征作战司令部对 13 艘无人水面巡逻艇（其中 5 艘采用自动控制，8 艘采用远程遥控）开展了无人水面艇蜂群试验，在弗吉尼亚州尤斯蒂斯堡附近詹姆士河进行了为期 3 天、每天 30 分钟的演习，主要内容是开展高价值舰艇护航任务。

试验使用了美国国家航空航天局喷气推进实验室研发的“机器人智能感知系统控制体系

架构”(control architecture for robotic agent command and sensing,CARACaS),可用于机器人的互相通信。利用该技术,无人艇群不需要人的干预就能自主行动,包括无人艇相互之间的同步、航线规划、蜂拥拦截敌人、保护己方舰船等,重点解决了数据交互、自主决策等关键问题。集群作战电子系统可集成到手掌大小的空间内,每套系统成本仅几千美元,可以安装到刚性充气巡逻艇(此次测试的就是这种水面艇)等小型船舶,也可以安装到较大型的两栖舰船上。

试验的5艘无人水面艇有4艘由美国海军水面战中心卡迪洛克分部提供,1艘由达尔格伦分部提供。其中,2艘为11 m的刚性船体充气船(rigid hull inflatable boat,RHIB),1艘为11 m的内河小艇,1艘为7 m的刚性船体充气船,1艘为7 m的港口安全艇。不同小艇的使用验证了CARACaS的多功能性。试验小艇均为美海军现役装备,稍做改动就可发展为自主无人水面艇。除无人水面艇外,试验还包括一艘高价值舰艇、一艘模拟敌方Mark V特种作战小艇以及交通控制和支援小艇(见图2.13)。

试验共分为四个阶段。第1阶段,5艘无人水面艇执行高价值舰艇的护航任务,8艘人工遥控艇在前方领航。第2和第3阶段,河道变窄,人工遥控艇在两侧河岸对危险情况进行侦查,无人水面艇和高价值舰艇通过河道。第4阶段,无人水面艇发现敌船,即时改变任务模式,由护航转变为集群攻击。

试验中,美国海军利用这13艘无人艇为一个重要目标护航,途中利用无人艇群的传感器网络发现了模拟的敌方船只,艇群随即做出反应,包围和拦截了敌方船只,有效阻止了威胁迫近己方高价值目标。测试中武器的射击权仍掌握在控制人员手里。

传感器和网络赋予了艇群作战能力。2016年10月,美国海军研究局在切萨皮克湾再次进行了CARACaS技术演示验证。这次演示验证共使用了4艘无人水面艇,任务是防护一片固定港口区域。演示中,蜂群无人艇在发现一艘未知舰船进入其巡逻水域后,协同确定了由哪一艘无人艇快速靠近该未知舰船、识别其敌意或可疑身份并联络其他无人艇协助追踪和跟踪;与此同时,其他无人艇则继续对所分配水域进行巡逻。整个过程中,蜂群无人艇不断向一名监控人员提供状态更新数据。

美国海军研究局负责CARACaS技术开发的项目官员罗伯特·布里左拉拉博士表示,本次演示验证中,CARACaS新增能力包括多艘无人水面艇协同进行任务分配,更多的无人水面艇的行为和战术方案以及更强的自动舰船识别能力:

(1)蜂群意识。2014年演示验证以来,美国海军研究局开发出了能让无人水面艇共同形成行动计划并对任务进行分配的软件,使集群无人艇能够制定计划、进行任务分工,甚至留出储备力量(就像电影《星际迷航》中的“博格集合体”一样)。美国海军将该次实验命名为“蜂群2”。不过,“蜂群意识”(hive mind)一词更能描述其特点。

(2)行为引擎。前文提到的美军使用的这种软件还包含了一种“行为引擎”(behavior engine),它能使编程人员创建一个复杂行为模式库。相比之下,使用2014年软件的无人水面艇仅能实施2种行为——护航(友方舰船)与攻击(威胁);使用2016年软件的无人水面艇则能实施4种行为——巡逻(特定区域)、识别(一艘舰船属于友方或敌方)、追踪(装有传感器的目标)及跟踪(可疑舰船)。未来,行为引擎方案将使CARACaS软件更容易进行行为更新。按照布里左拉拉的设想,蜂群无人水面艇最终将能执行大量不同任务,每个任务软件包都能从大型行为库里挑选出适用的行为;不同类型的舰船可以使用相同的软件模块,从而降低编程成本。当前,CARACaS软件已经在超过15型小型舰艇上使用,包括世界上最大的无人水面艇“海上猎手”号。

(3)自动目标识别。自动目标识别对于软件编程来说一直是个棘手的挑战。虽然编程人员试图利用机器学习来提升软件根据大型数据库中识别不同物体的能力，但还是会犯低级错误，例如一个通常较为精密的程序可能会把拿着牙刷的婴儿识别为挥着棒球棒的男孩。除了上述一般性挑战外，无人艇目标识别技术还面临着海上环境带来的独特挑战，例如海水波动引发传感器及目标晃动，雨雾及潮湿空气又常常导致图像变形。

2.5.4 无人潜航器集群系统

水下无人系统可执行海洋探测、水下监视与侦察、反水雷和反潜等各类作战任务，具有很高的军事价值，已成为世界各主要军事国家拓展水下作战域、占据海洋作战优势的重要支撑装备。2019 年，美国、俄罗斯、日本以及欧洲等国家和地区从规划、装备、技术和部署等层面加速推进水下无人系统发展，全面提升水下无人自主作战和跨域协同作战能力。

2019 年 2 月，美国海军水下作战需求部门负责人发表演讲时表示，未来可能将无人潜航器纳入美国海军 355 艘舰船的目标内。同年 6 月，美国国会研究处发布《海军大型水面无人艇和水下无人潜航器背景和相关问题》的报告。该报告指出，包括超大型无人潜航器(very large unmanned under water vehicle，XLUUV)在内的大型无人系统十分重要，美国海军正在采取加速采办策略使其尽快服役。未来，大型无人系统将成为美国海军构建分布式舰队架构的关键。美国海军还于 2019 年 5 月采购了蜂群潜水者(Swarm Diver)超轻型无人潜航器。该无人潜航器长为 0.75 m，质量为 1.7 kg，潜深为 50 m，速度为 7.963 6 km/h，工作时间达 2 小时 30 分钟，可执行集群式侦察和反水雷任务，其布放和回收可由单人操作。

2019 年 11 月，美国海军潜艇部队司令在“2019 年海军潜艇联盟年度研讨会”上表示，美国海军计划成立第二无人潜航器中队(the second unmanned under water vehicle squadron UUVRON－2)，并使无人系统扩展到舰队规模。UUVRON－2 将部署在东海岸，但美海军没有给出具体时间安排。此前，第一无人潜航器中队(UUVRON－1)于 2017 年年底成立，该中队计划在 2024 年前配备 45 艘无人潜航器。

美国国防预先研究计划局(defense advanced projects agency，DARPA)于 2019 年 1 月发布垂钓者(Angler)项目公告，开发能在深海环境中发现和操纵物体的深海无人潜航器及控制系统，要求其在没有全球定位系统的深海环境中能够自主执行搜索操纵目标的任务。11 月，DARPA 签署 6 份项目合同，其中莱多斯公司、诺斯罗普·格鲁门系统公司及哈里斯技术公司需为垂钓者项目开发一个综合解决方案，以应对技术和业务领域的所有挑战；硕电公司、爱迪泰克公司和吉特韦尔公司重点开发针对导航、自主和感知领域的解决方案。

2019 年 6 月，DARPA 发布海上作战实时信息(TIMEly)项目公告，表示将开发异构海上通信架构，并完成演示验证。TIMEly 项目是马赛克战概念的衍生物，其目标是构建可快速重构的空中、水面和水下军事力量，重点关注网络协议和信息交换等技术，同时掌握水下环境对网络链接距离、容量、延迟和安全的限制。该项目设想采用动态可重构的响应式架构，并吸收水下通信和海上无人系统的前沿技术。

2019 年 8 月，美国海军举行了先进海军技术演习(the advanced naval technology exercise，ANTX)，主题为“战争准备：水下安全”，重点展示有人/无人平台协同作战的能力。雷锡恩公司演示了协同探测和识别类似水雷目标的能力，并使用无人潜航器清除该目标。雷锡恩公司的 AQS－20C 拖曳声呐由一艘水面无人艇拖入水中，一旦声呐探测到可能的水雷，无人艇就会通过 A 型声呐浮标发射器发射梭鱼(Barracda)无人潜航器。梭鱼无人潜航器装有浮动组件，可与常规无人水面艇(common unmanned surface vessel，CUSV)进行射频数据连接。战术任务计划经由 CUSV 从濒海战斗舰传递至梭鱼无人潜航器。一旦梭鱼无人潜航器搜索并锁定水雷目标，就会在其附近位置待机，待濒海战斗舰作战人员确认目标后就指示该无人潜航器自爆以引爆水雷。通用动力公司任务系统分部演示了使用有人和无人平台实现跨域多级指挥、控制和通信的能力。这些平台包括通用动力公司的金枪鱼－9 无人潜航器、无人艇和岸基模拟潜艇作战系统、模拟水面作战系统和模拟任务作战中心。演示中，还使用通用动力公司的 4G LTE 无线宽带网络提供实时三维可视化和通信。该演示针对对抗环境中多个平台之间从高层作战规划到战术任务执行的通信挑战。

通用动力公司利用战区级规划工具，实现了有人潜艇、无人潜航器和无人艇的跨域指控通信。该架构将海底和水面平台连接在一起，通过人工智能技术进行支持，并增强了反潜作战和水下作战规划能力，以及海上行动的现场评估和执行能力。此外，该架构为水手提供了所有活动的三维虚拟现实视图。

第3章　无人系统控制理论基础

无人系统集群的科学内涵是其区别于单个无人设备，能发挥群体效能；也区别于人工系统，其智能性、自主性和协同性更具优势。无人系统集群具有如下特点：

(1)集群能分布式展开，解决布置空间限制。

(2)协同性更灵活，能根据需求任意组合。

(3)系统智能性增强，能发挥集群优势，形成群体智能涌现。

(4)应用性更广泛，能采用低成本配置，发挥群体作用，杜绝个体高而全的配置。

(5)系统健壮性更好，能去中心化，抗故障和干扰能力强，系统自愈能力更强。

(6)系统感知能力更强，可进行分布式感知与探测，从而提高系统整体感知能力。

3.1　自主感知与导航

3.1.1　自主感知

自主感知技术是指无人系统利用自身配备的各类传感器获取环境特征，对所处场景和运动路径中的地形、建筑物以及运动目标进行探测识别，并利用多传感器信息融合算法探测并获取信息。环境感知是实现自主运动要解决的首要问题。具有良好的环境感知能力是无人系统实现自主导航的前提条件，路径规划技术是对无人系统进行导航和控制的基础。

无人系统根据其在环境感知中使用的探测设备不同，可分为以相机这种视觉传感器为主进行环境感知的基于视觉导航的无人自主系统，和以激光雷达为主进行环境感知的基于激光雷达导航的无人自主系统。相比激光雷达，视觉传感器不仅成本低，而且利用其捕获的图像中包含更丰富的外界信息，这对无人自主系统的定位、避障都是非常有利的。因此，基于视觉导航的无人自主系统是目前的一个研究热点。而以激光雷达为主的无人自主系统，由于其探测范围大，所以更利于高速运动的系统。利用视觉、近红外、热红外、雷达等多传感融合，是当前研发重点，也是未来发展趋势。

在城市交通、安保领域使用的基于视觉导航的无人驾驶车辆，其环境感知的主要任务是检测和识别无人驾驶车辆周围的城市道路环境，包括车道线检测识别，路面箭头标志检测识别，路旁交通标志牌检测识别以及道路障碍(前方凹凸障碍物、车辆、行人等)检测等。由于城市道路存在如交通拥挤、路灯干扰等复杂的交通环境，如雨、雪、雾、太阳光照、夜间低能见度等不可控的自然环境以及算法自身的局限性等因素的干扰，目前检测识别算法在检测识别目标时，常出现目标检测识别率不高、算法实时性差等问题。

在高速路、野外等领域使用的环境感知传感器，主要集中在视觉、雷达、惯性导航等器件，并且往往是几种传感器的综合应用。

3.1.2 自主导航

自主导航技术是指自主地面无人系统确定相对于全局坐标系的自身位置、友军位置和目标位置，自主规划起点至目标点之间避开障碍物的最优路径，并在运动中不断修正，最终到达目标点所需的技术。

目前，惯性导航/卫星导航(INS/GPS①)定位技术、立体视觉导航定位技术等已经较为成熟并投入应用；激光雷达导航技术和自适应导航技术是当前研发重点，其中激光雷达导航技术还处于实验室研发阶段，自适应导航技术处于研发阶段。

一、定位技术

定位技术是进行自主导航最基本的要求，机器人需要知晓自己所处的坐标位置，才能完成避障，实现智能化。定位技术根据经纬度坐标值明确自身在全局中所处的具体位置。目前，轮式救援机器人的导航定位技术分为单点定位(绝对定位)和差分定位(相对定位)。

1. 单点定位(绝对定位)

用一台接收机定位，并能够确定接收机天线的绝对经纬度值的定位方式称为单点定位。它的优势是操作配置简便，允许单机作业，可以瞬时定位；但其定位精度会受到系统性偏差的影响，定位精度不高。因此，单点定位适用于低精度导航、资源普查等领域中。通常情况下，以全球定位系统(GPS)、伽利略卫星导航系统(Galileo satellite navigation system，Galileo)和路标定位作为单点定位的代表。

GPS是由美国开发出来的卫星导航系统，也是世界首个卫星导航定位系统。美国针对GPS的实施分为三个阶段：1973— 1979年，进行方案论证和初步设计；1979—1984年，全面研发多种数据接收机；1989年首颗GPS工作卫星发射，工程项目进入建设阶段，1993年完成组网工作，正式服务于全世界的导航系统。GPS依靠自身具有精度高、不受时限、自动控制、性价比高、能够提供连续且实时的三维坐标和速度信息等特点，深受用户的信赖。GPS的绝对定位若要获取更可靠的定位信息，适合放置于露天空旷的环境下。

Galileo是欧洲研制的卫星导航系统。欧盟在1999年向外公布研制和建立Galileo导航计划的消息。该导航系统中有3颗卫星处于备用状态，27颗卫星处于工作状态。在三条轨道平面上各自都分布着56°倾角的卫星，每9颗一组处于一条轨道上，剩下一颗留作备用卫星。该计划在2002年得到欧盟委员会的批准并正式启动，2016年年底，18颗工作卫星已经发射成功，地面监控部分也已升级，当时预计在2019年，调整计划为6颗备用，24颗工作的卫星全部成功发射。尽管在不同的区域中，Galileo卫星定位系统可定位时间还存在差异，但随着在空间和地面监控方面的不断完善，其单点定位、轨道精度和信号强度也明显提高，几乎能够提供与GPS相差无几的定位服务。

2. 差分定位(相对定位)

差分定位使用两台或两台以上的传感器获取数据，它们同一时间观测相同的卫星，来确定

① INS：惯性导航系统 inertial navigation system。GPS：卫星导航系统，global positioning system。

移动站相对基站的实时经、纬度值。差分定位的优势是可快速获取高精度的值、采样周期时间好控制、配置简便且成本低廉；但差分定位需要多台接收机共同处理获取的复杂数据。因此，差分定位适用于高精度的大地、工程测量及室外导航等领域。常用的差分定位有格洛纳斯全球卫星导航系统（global navigation satellite system，GLONASS）、惯性导航系统和北斗卫星导航系统。

GLONASS 始发于苏联时期，之后俄罗斯继续此导航系统的研发，并于 2007 年开始运行，经过之后的发展，其对陆、海、空的服务范围已经覆盖了全球。2014 年，格洛纳斯导航系统已经有 33 颗在轨运行的卫星，采用频分多址（frequency division multiple access，FDMA）的方式，根据不同的载波相位测量进行区分，可以不间断地提供高精度的三维坐标信息、三维速度信息和时间信息。

惯性导航系统主要使用的传感器是加速度计和陀螺仪，其中加速度计用来测量加速度，陀螺仪测量回转角速度。若要计算载体的角度、速度和坐标，需要知道坐标转换后的解算值积分。通过三轴陀螺仪可以得到机器人的姿态角度值，再利用加速度计测量值可计算出机器人的位置信息。惯性导航系统产生的导航信息噪声低，连续性好，但惯性导航基于牛顿力学原理，通过测量元件来达到定位目的，其方向误差以及位置误差都存在累积的情况。另外，惯性导航系统信息更新率高，短期内精度好，但使用成本高。

路径规划的主要任务是为无人驾驶车辆提供一条合理的从起点到终点的有效行驶路线，但由于路径规划算法存在如搜索精度低、搜索停滞等自身原因，目前路径规划算法存在路径规划精度低、实时性差等问题，其主要算法集中在全局路径规划算法和局部路径规划算法。

（1）全局路径规划算法。

全局路径规划算法主要有可视图法、遗传算法、栅格法、神经网格法等。

1）可视图法通常用于将已知环境中的障碍物看成多边形，把机器人视为一个点，通过直线逐步地把目标点和多边形障碍物的各个顶点连接起来。此算法能够得到最短路径，但它没有考虑全面，忽略了机器人本身的大小，导致机器人在作业时与周围障碍物的安全距离很小，容易碰撞到障碍物；当机器人作业的环境改变时，可视图需要重新创建，故灵活性不高。

2）遗传算法是由美国学者 J. Holland 于 1975 年提出的一种关于优化问题求解的随机化方法，属于智能仿生算法的范畴。该算法全局搜索能力强、具有良好的鲁棒性，仿照生物进化论，逐步淘汰劣质解集，最终搜索到全局最优路径。若要取得理想的路径规划线路，需要具备静态的环境和精准的地图，一旦机器人作业的区域存在动态障碍物或环境发生变动，则需要更新全局路径规划，这是此算法没有在移动机器人自主导航领域广泛应用的主要原因。

3）栅格法起源于美国的卡内基梅隆大学（Carnegie Mellon University，CMU），该方法是把整个环境分解成若干等同的栅格，工作环境多采用二维笛卡尔矩阵栅格表示，对栅格进行编码并分配好概率值，该概率值的大小代表了此栅格被障碍物占据的可信度。因此，如何确定栅格的大小直接影响了算法的性能。已被障碍物占用的栅格称为障碍物栅格，剩下的称为自由栅格。此算法易于维护，便于获取机器人原点的坐标值和路径规划，但当栅格数据量达到一定数量级时，数据的实时处理效果会受到影响，在实际使用中受限。

神经网络技术仿效生物神经系统信息处理，具有高度并行处理信息的能力，同时还具备通过训练自主学习的能力。利用神经网络技术进行路径规划时，需要对障碍物设计一些特定的隐节点，当处于动态障碍物的环境下或者隐节点较多时，网络结构就会变得庞大，处理起来复杂，神经元的阈值也在不断地变化。

(2) 局部路径规划算法。

人工势场法是由美国斯坦福大学 Ohssam Khatib 教授提出的一种描述简单，计算量小，便于控制的虚拟力法，适用于机器人局部路径规划。但它忽略了机器人作业时存在障碍物的情况，把获取的信息简化为合力，易陷入局部最小的误区：当合力等于零时，机器人会停滞不前；当出现目标方向周围分布着障碍物的情况时，机器人很难到达目标点；当与障碍物的安全距离过小时，不易发现可行路径。针对存在的缺陷，很多学者提出了改进方法：由肖本贤提出的等位线法，可解决作业时的震荡问题，该方法将神经网络和粒子群算法结合在一起；与墙面保持安全距离，沿靠墙边行走。

向量场直方图算法(vector field histogram, VFH)算法是在 1991 年首次被美国 Johann Borenstein 和 Yoram Koren 提出的一种矢量直方图法。为了避开人工势场法带来的算法缺陷问题，两位学者提出经过两轮环境信息压缩简化，继续用栅格表示环境，并对其积累值设置可信度的方法，VFH 在控制机器人探测和实时避障的同时，能够从直方图中找到最佳可行位置，若设计并选取合理的阈值则可避免陷入局部极小值；当机器人处于快速避开障碍物的速度时，也不会出现控制不稳定的情况。VFH 算法可控制机器人向目标点方位进行转向的角度、行驶速度，其性能良好、效率高，可提高机器人的作业速度，因此至今仍然得到广泛的推广及应用。

VFH＋算法是 VFH 算法的改进算法，相较 VFH 算法多两轮的环境信息压缩简化，获取机器人行驶速度和前进方向，并将机器人自身的尺寸大小和运动行驶特点纳入了算法分析。计算机器人的宽度信息，可提高 VFH＋算法的可靠性和安全性。

行为控制法已成为路径规划中的一个研究的热点，它的思想类似于编程中的模块化开发思想，把导航问题划分成几个独立模块，每个模块通过对周围环境的分析与判断，决策采用对应的行为，并分别实现各自的功能，最后通过不同模块间的协调与整合实现自主导航功能。

3.2 自主组网与交互

3.2.1 无人系统集群自主组网的特点

无人系统集群自主组网(以下简称“自组网”)是指由集群中多个个体组成的，具有多跳性、临时性的自组织网络结构。网络中的每个个体均是通信节点，具备数据收发和处理能力，具备路由功能和报文转发功能，从而可以快速地搭建临时自组织网络，实现无人系统集群的规模和功能的拓展。集群网络中的各个通信节点可以快速、随意地接入或脱离网络，而不影响整体网络的正常运转，因而集群自组网结构具备动态、分布式的特征。

无人系统集群自组网的网络结构具备其独有特点：①网络中的每个节点都在高速移动，这导致整个网络结构在不断变化，整体结构具备不稳定性；②个体分散布置，彼此距离不定，网络节点分布密度不均匀；③无人系统集群实现智能化的基础是集群内的个体具备较高的数据传输量和运算能力，这要求自组网网络具备高通量、低时延、兼容性好的性能；④集群中的个体能源容量有限，因此尽量减小自组网模块对能源的消耗，提高能量利用率，是延长自组网网络寿命的关键。

无人系统集群的智能自组网技术可提高集群的应用优势:①依靠集群中丰富的节点选择,利用多跳通信链路,可以大幅提高集群的通信能力和距离,扩大了集群运行范围;②地形变化会对无线电信号传播形成阻碍或导致部分节点被摧毁的情况,自组网网络的分布特性可通过其他节点保证全局的网络联通性,减少对工作站的依赖,增强集群运行的可靠性、抗毁性;③自组网技术可有效补全地空信息网络,通过集群将不同层面的数据流进行中继,起到区域通信节点、有效补盲等作用;④在集群中只需部分个体配备质量大、价格昂贵的基础通信设备,其他个体携带轻便、价格低廉的自组网设备便可维护网络运行,有效降低集群的网络搭建成本。

3.2.2　无人系统集群自组网的关键系统

无人系统集群智能自组网的主要关键系统包括两部分:①智能通信资源分配系统;②分布式控制的集群信息交互系统。智能通信资源分配系统的关键技术在于自组网通信技术的 MAC 层(multiple access channel)的设计和完善,需要解决的关键问题是即时通信的高速率和低时延传输、多优先级支持、信道高效利用以及差错控制。

分布式控制的无人集群信息交互系统的关键技术是在现有的路由网络协议下,为整个集群自组网网络建立起能适应集群网络特性的可拓扑、高动态、分布式的、高效可靠的路由网络。

无人系统集群自组网技术的智能通信资源分配系统在技术层面主要体现在选取合适的 MAC 层通信协议,在以信道复用为数据传输基础的无线网络中,进行合理的信道分配,从而提高信道利用率、拓宽网络容量。结合无人系统集群自组网网络结构的特点,其适用的 MAC 协议应确保以下几点:

(1)具备较高的信道利用率。无人系统集群网络运行时,会出现多个数据节点同时向其他节点发送、接收数据的情况,因而出现信道拥挤或信道被占,产生高延迟现象。若解决这一问题,则可以深层改进整个网络的性能。

(2)拥有合理的信道冲突解决方案。当集群网络中的多个节点在使用同一信道进行数据交互时,多个节点发送出的数据不可避免地会发生碰撞,发生信道堵塞,急剧降低整个网络的交互性能。

(3)较低的系统功耗。无人系统集群的网络通信所消耗的能源依靠搭载的电池进行供电,无人机电池容量大小有限,要求适用的 MAC 协议应在保持通信能力的情况下,功耗尽量低,从而提高整个集群的运行时间。

(4)具备公平性。在无人系统集群网络运行时,一旦发生某个节点一直占用信道的情况,那么其他节点就无法利用该信道,从而产生数据包丢失和网络堵塞现象。因此在无人系统集群自组网网络的 MAC 协议中加入公平机制,确保所有节点均有使用信道的机会。

3.2.3　无人系统集群的组网络协议

目前无人系统集群自组网网络可应用的 MAC 协议依据不同的信道接入策略,分为竞争类策略和分配类策略这两类。

(1)竞争类 MAC 协议。在竞争类 MAC 协议中,存在随机和预约两种竞争机制。其中,随机竞争类 MAC 协议的数据传输,即 ALOHA 协议,一旦有节点需要传输数据就直接占用信道,在预定时间内收到对方节点的应答信息则表示数据传输成功,因而发生信道占用碰撞的概率较大,会造成数据传输成功率、信道利用率随着数据流的增加而严重下降。其优点是协议设计简单、应用快捷。预约竞争类 MAC 协议,即 CSMA/CA(carrier sense multiple access/collision avoidance)协议,在运行流程中,各数据源节点加入了周期性的信道感知机制,采用了先感知后传输的协议策略,极大地降低了信道碰撞概率,提高了数据传输质量。

总体来说,竞争类 MAC 协议的随机性决定了基于竞争类协议组建的自组网规模受限,节点数量的上升带给整个网络的拥挤度几何倍增,并且极快增加系统能耗。

(2)分配类 MAC 协议。

分配类 MAC 协议的理论基础是基于无线网络的信道资源可以在时域、频域和码域层面进行拆分,并将拆分好的信道资源依据特定的方法分配给网络中的各个通信节点。

分配类 MAC 协议的技术发展主要包括频分多址、时分多址、码分多址和空分多址,通过对节点、频段、时间点等资源进行合理划分、分配,实现各个节点在信道上相互独立,并且可以容纳更多的通信节点,从而极大地保证各节点传输数据的公平性。分配类 MAC 协议可充分保证每个节点的数据传输,确保自组网网络的稳定性。在分配类 MAC 协议中加入优先等级和竞争机制,能进一步提高协议性能。

综上所述,基于无人系统集群自组网网络结构的特性——多节点、高不稳性、高动态变化,在智能通信资源分配系统中,分配类 MAC 协议更适用。

无人系统集群自组网网络实现低时延、高通量、强稳定性的信息交互能力,除了安全可靠的硬件设备外,在信息交互网络层面上,实现从发射节点到目的节点最优的数据传输路径至关重要,即实现路由算法的最优。路由算法的比对参数有多个指标,如路径跳数(又称路径长度)、可靠性、延迟、带宽、负载等,采用不同的指标进行算法比对,得到的最优路径一般不同。在分布式控制的无人系统集群信息交互的研究中,集群自组网网络具有多节点数据互传互通、节点拓扑变化剧烈、链路寿命短暂等特点,因而在一般研究时,选择路径跳数作为常用的路由算法评价指标。

3.2.4 无人系统集群自组网的路由策略

针对无人系统集群自组网的网络特点,在进行路由策略设计时,需考虑网络拓扑的高动态性,多跳通信时的信道共享,带宽及能源的有限性,地理位置信息支持等问题。目前常见的适用于无人系统集群自组网网络的路由协议形式有静态路由、先应路由、反应路由、混合路由、基于地理位置的路由。

静态路由是指具有静态路由表且不需要更新的路由协议,集群网络中各节点发生通信时具有固定的路由路径。静态路由适用于具有固定网络拓扑结构、无须数据任务更新的场合。它不具备容错和适应动态环境的能力,因此适用于规模较小、数据传输路径已预先规划的无人系统集群网络中。

先应路由中各个数据节点会周期性地对路由表进行更新并存储路径信息,因而当集群网络中发生数据交互时,只要目的节点在线,双方就可以直接交互数据。先应路由延迟很小,非常适合对信息实时性有高要求的通信环境,但此种路由会消耗大量的网络开销,能耗、资源占用较大。

反应路由是被动式路由协议,在需要传送信息时才会按需寻找路径,向全网络播发路径请求数据包,在获得合适的路径后,再进行数据传输。此种路由方式会带来数据传输的高延迟,不适用于数据频繁交互的网络。但优点是资源占用小,节省能耗。

混合路由协议结合了先应路由、反应路由两者的优点，一般以多个骨干节点搭建成自组网网络的核心架构，各分支节点进行补充。骨干节点相互之间为域间，应用先应路由；分支节点与骨干节点的连接为域内，应用反应路由。以此种方式控制整个网络的延时和能源消耗，在一定规模的无人系统集群自组网网络中可实现比较理想的数据传输环境。

基于地理位置信息的路由协议兼顾了位置、速度、运动方向等因素来选择数据传输的最优路径。无人系统集群自组网网络具备快速移动、动态变化的特性，传统路由协议难以适应此种网络结构，应用范围受限；而集群的各个节点具备定位计算能力，定位数据信息可以共享给基于地理位置信息的路由协议，依靠高精度的节点进行定位和位置预测，实现数据在节点间传输的最优路径。

3.3　自主协同与控制

自主控制技术是指自主地面无人系统以电子技术、计算机和通信技术等为基础，借助人机接口设备、通信系统等，综合采用多种控制算法，对自主地面无人系统进行控制，使其能够单独自主作战，或与其他无人系统和有人系统协同作战，以及实现集群作战。

目前，半自主控制技术已经较为成熟，美国和以色列等国家已将半自主控制技术投入应用。自主控制技术已接近成熟，但多数国家还处于发展阶段，目前仅以色列将该技术投入应用。编队控制和集群控制技术则是当前发展重点。

第4章　布谷鸟搜索算法在无人系统中的应用

4.1　布谷鸟搜索算法的实现原理

4.1.1　算法概述

布谷鸟搜索算法(cuckoo search，CS)是由剑桥大学的 Yang Xin she 和 Suash Deb 于2009年提出的一种元启发式算法。所谓的元启发式算法一般遵循“优胜劣汰”的自然法则，主要通过模拟生物进化过程中的概率性选择和基因变异来实现物种的进化。其中，概率性选择是物种优化的基础，通过搜索当前物种群体中的最优解并将其保持遗传到下一代中；基因变异则保证随机搜索或者非确定性搜索算法能够在有效的解空间内进行解的多样性扩展，而不至于陷入局部最优解。元启发式算法一般包括生态系统模拟算法、群智能算法以及进化算法，布谷鸟搜索算法属于群智能算法中对动物的物种习性进行研究所提出的一种优化算法。

一、布谷鸟的繁殖行为特性

布谷鸟搜索算法是受自然界中具有侵略性繁殖策略的布谷鸟物种启发而提出的。研究人员发现有一些种类的布谷鸟(例如美洲黑杜鹃)通常会将自己的鸟蛋放入其他鸟的巢中进行孵化，同时它们还会移走其他鸟的鸟蛋以提高自己鸟蛋的孵蛋率，还有相当一部分种类的布谷鸟则是通过把它们的鸟蛋放置到其他巢主鸟(通常是其他种类的鸟)的鸟巢里进行寄生性孵化。有一些巢主鸟能够与闯入巢穴的布谷鸟发生直接冲突，一旦巢主鸟发现自身鸟蛋中有外来鸟蛋，它通常会把这个鸟蛋直接扔掉，或者干脆抛弃这个鸟巢，在其他地方重新建立新的鸟巢。因此，在长期的进化过程中，逐渐有一些雌性的布谷鸟能够在颜色和图案上模仿被选择的巢主鸟鸟蛋，这使得寄生孵化的布谷鸟鸟蛋被发现以及被丢弃的可能性降低，从而提高了自身的繁殖率。

二、莱维(Lévy)飞行特性

自然界中的动物觅食过程通常是一种随机或者类似随机搜索的行为，是以一定的概率选择下一个移动位置，类似于轮盘赌选择方法。众多研究成果表明，自然界中大部分的动物和昆虫运动行为都表现出莱维(以下用 Lévy)飞行的典型特征，在 Reynolds 和 Frye 关于果蝇的研究中发现，果蝇在探索地形时，执行的是一个 Lévy 飞行式的间歇性无规则式搜索模式，即在一系列的直线飞行路径中不时伴随着一个 90°的急速转弯；人类狩猎觅食行为模式同样表现出了 Lévy 飞行的典型特征，甚至连光线都可以和 Lévy 飞行相联系。Lévy 飞行是一种随机游走，可以描述为一个运动的实体能够在小步的移动中偶尔迈出异常大的步子从而改变一个体系的行为，它的运动方向是随机的，但是其运动步长是按照幂次律分布的。Lévy 飞行的这种随机游走特性导致它能够以更大的概率突破局部极值点的限制而到达全局最优点。目前 Lévy 飞行策略已被广泛用于最优化问题及最优性搜索算法中，大量的研究成果已经证明它拥有良好的全局最优化性能。如图 4.1 为进行了一百万次模拟得到的 Lévy 飞行轨迹图。

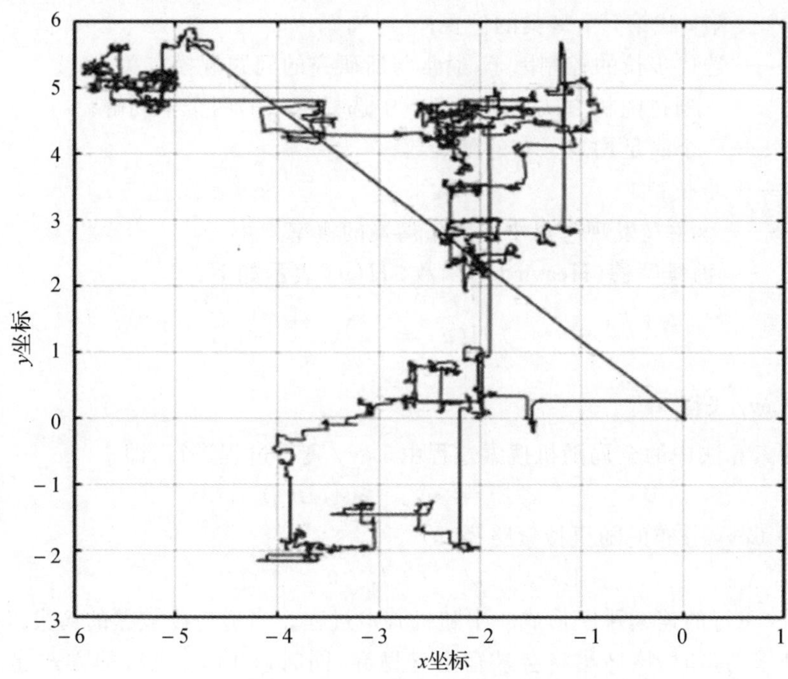

图 4.1　Lévy　飞行随机模拟轨迹图

研究人员基于布谷鸟的寄生性孵化和 Lévy 飞行随机游走特性提出了布谷鸟搜索算法，该算法在组合优化等最优化问题的求解中表现出了优良的性能。很多学者已经证明了其性能要比传统的 PSO 和遗传算法更友好。

4.1.2　布谷鸟搜索算法的数学描述

为了简化算法描述，给出如下三个理想化规则：

(1)每个布谷鸟一次只产出一个蛋，然后将其放入随机选择的鸟巢中；

(2)对适应度最优的鸟巢(解)进行保留并遗传到下一代中；

(3)巢主鸟巢的数量 m 是固定的，巢主鸟发现巢中有外来鸟蛋的概率为 p_a，其中 $p_a \in [0,1]$。当巢主鸟发现巢中有外来鸟蛋时，巢主鸟可以随机选择将该鸟蛋丢弃，或者干脆抛弃整个鸟巢而建立新的鸟巢。

布谷鸟搜索算法由三个最基本的要素构成：最优选择、局部随机游走、全局 Lévy 飞行。

一、最优选择

布谷鸟搜索算法通过保留当前代中适应度最好的鸟巢(最优解)来实现解空间中解的优化过程，类似于遗传算法中的精英保留主义，从而确保每次迭代过程中的最优解被保留到下一代而不会有被逐出种群的危险，使得搜索过程中的最优解一直在往更优的方向前进。

二、局部随机游走

局部随机游走过程可以用如下方程来描述：

$$x_i^{(t+1)} = x_i^{(t)} + \alpha \times s \oplus H(p_a - \varepsilon) \otimes (x_j^t - x_k^t) \tag{4-1}$$

式中 $x_i^{(t+1)}$ —— 第 $t+1$ 代第 i 个鸟巢的位置；

$x_i^{(t)}$ —— 第 t 代第 i 个鸟巢的位置；

α —— 迭代步长的控制因子，通常与所研究的问题规模有关；

$x_j^{(t)}, x_k^{(t)}$ —— 通过随机方式从所有鸟巢中选择出来的两个不同解；

ε —— 一个满足均匀分布的随机数；

s —— 步长；

p_a —— 巢主鸟发现鸟巢中有外来鸟蛋的概率；

$H(u)$ —— 海维赛德(Heaviside)函数，$H(u)$ 表示如下：

$$H(u) = \begin{cases} 1, & u \geqslant 1 \\ 0, & u < 1 \end{cases} \tag{4-2}$$

三、全局 Lévy 飞行

布谷鸟搜索算法中的全局随机搜索过程由 Lévy 飞行过程进行，即

$$x_i^{(t+1)} = x_i^{(t)} + \alpha \oplus L(\beta) \tag{4-3}$$

式中，$L(\beta)$ 为 Lévy 分布的随机搜索路径，即

$$\text{Levy} \sim \mu = t^{-1-\beta}, \quad 0 < \beta \leqslant 2 \tag{4-4}$$

通过 Lévy 飞行的连续跳跃形成一个随机游走过程。当适应度较差的鸟巢以概率 p_a 被宿主鸟发现有外来鸟蛋时，该鸟巢将会被宿主鸟抛弃，同时以 Lévy 飞行的方式建立新的鸟巢，即在每次迭代更新后，生成一个均匀分布的随机数 $r \in [0,1]$ 进行判断。若 $r < p_a$（一般情况下 p_a 设为 0.25），则对 $x_i^{(t+1)}$ 进行随机游走，并将改变后的解赋给 $x_i^{(t+1)}$；反之则不做改变，最后选择出适应度较好的鸟巢，并将其保留到下一代中。

式(4-4)可以进一步描述如下：

$$x_i^{(t+1)} = x_i^{(t)} + \alpha \oplus L(\beta) \sim 0.01 \frac{u}{|v|^{1/\beta}} (x_j^{(t)} - x_i^{(t)}) \tag{4-5}$$

式中 μ ——服从正态分布 $\mu \sim N(0, \sigma_\mu^2)$ 的随机数；

v ——服从正态分布 $v \sim N(0, \sigma_v^2)$ 的随机数。

且满足：

$$\left.\begin{aligned} \sigma_\mu &= \left\{ \frac{\Gamma(1+\beta)\sin(\pi\beta/2)}{\beta\Gamma[(1+\beta)/2]2^{(\beta-1)/2}} \right\}^{1/\beta} \\ \sigma_v &= 1 \end{aligned}\right\} \tag{4-6}$$

式中 Γ——标准 Gamma 函数；

β ——Lévy 飞行随机的搜索参数，$0 < \beta \leqslant 2$ 。

从上面的分析可以看出，布谷鸟搜索算法的实现原理简单，所需要的参数较少。事实上，从上述对基本布谷鸟搜索算法的描述中可以看出，除了鸟巢数量 m 之外，布谷鸟搜索算法实质上只有一个参数 p_a，其算法简单高效，几乎对所有的测试问题都表现出较好的优越性。此外已经证明，布谷鸟搜索算法的收敛率与算法依赖参数无关，这也意味着在处理优化问题时算

法无须为特殊问题重新匹配参数，因此，相对于许多最优化问题而言，布谷鸟搜索算法比其他启发式算法的适用性和有效性更强。

四、布谷鸟搜索算法的工作流程

布谷鸟搜索算法的具体工作流程如下：

步骤 1: 初始化算法参数，包括最大迭代次数 $inter_{max}$，初始鸟蛋放置位置、鸟窝数目 n 及布谷鸟发现外来鸟蛋的概率 p_a；

步骤 2: 计算鸟窝适应度，若适应度更优，则替换鸟窝位置和适应度；

步骤 3: 根据迭代公式[式 (4－3)～式(4－5)]进行 Lévy 飞行，产生新鸟窝的位置；

步骤 4: 针对每个鸟窝产生的随机数 R，若 $R > p_a$，则抛弃该鸟窝，随机产生新位置重建鸟窝；

步骤 5: 检验是否符合算法终止条件，若符合终止条件则输出最优鸟窝位置和最优适应度，否则转到步骤 2 继续执行。

布谷鸟搜索算法的程序流程图如图 4.2 所示。

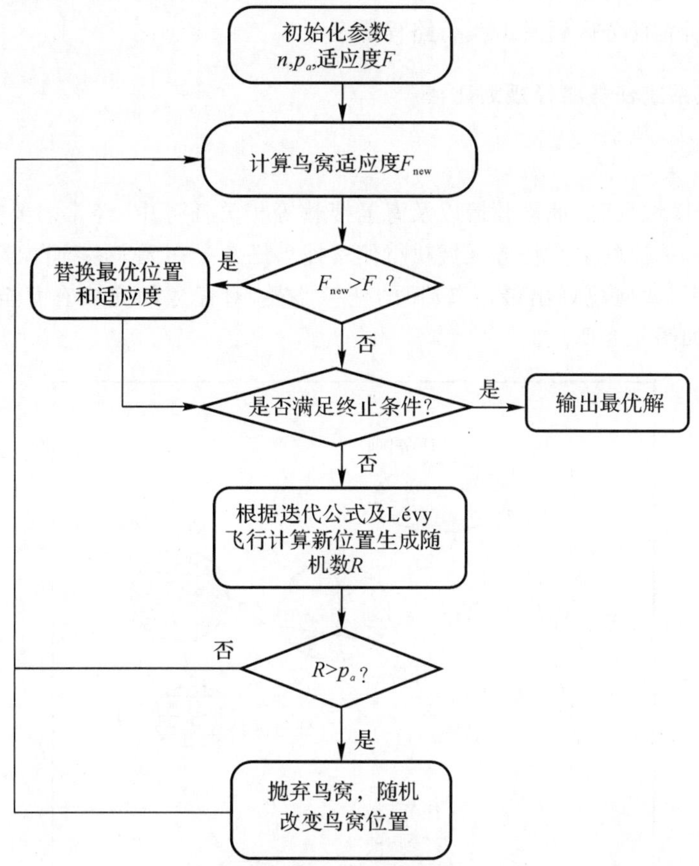

图 4.2　布谷鸟搜索算法的程序流程图

4.2 基于布谷鸟搜索算法的无人系统任务路径规划

目前，无人系统已经在各个领域发挥出了巨大的应用潜力，在军事领域大量的实践表明，无人系统因其低廉的成本和良好的机动性与隐身性，已经成为现代战场上一种广泛使用的侦察手段。在多无人系统所组成的协同侦察任务决策问题中，任务航路的规划始终是一个重要且不可忽视的问题，国内外学者对该问题的研究一直非常感兴趣。作为多无人系统执行任务的前提和基础，如何根据所要执行任务的性质，如战场侦察、对地打击、城市反恐、地震救援以及海上搜救等，在尽可能短的时间内，为无人系统执行任务规划出一条从起始位置到终点的飞行路径，该路径须能够满足各种约束条件，如战场环境约束、无人系统的自身性能约束等，且能使某一任务指标或多个任务指标达到最优或次优。

由于航路规划问题的复杂性，该问题实质上既是一个大规模的协调控制问题，又是一个多目标、多约束、强耦合的复杂多目标优化与决策问题，因此直接求解难度较大。本章采用布谷鸟搜索算法对单无人系统需要执行多任务区搜索时的任务航路规划问题进行研究，从而使无人系统在遍历完所有任务区后总的飞行路程最短。

4.2.1 无人系统任务路径规划建模

一、问题描述

在军事打击、区域反恐、地震救援以及海上搜救等相关任务中，经常需要单个无人系统携带传感器资源对所关注的多个任务区域执行侦察搜求任务。在无人系统自身性能及任务环境等多种约束条件下，如何规划出最短/较短的任务路径，对任务的完成有着至关重要的影响。具体问题的描述如图 4.3 所示。

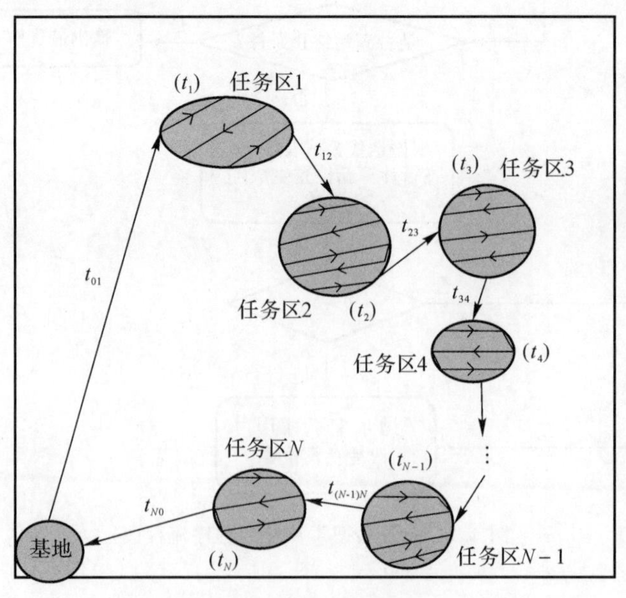

图 4.3 任务路径规划问题示意图

无人系统从基地出发需要遍历所有任务区后再返回基地，即无人系统执行的是一个由基地出发再返回基地的封闭任务路径，可以将该问题看作为一个经典的优化问题——旅行商问题(traveling salesman problem，TSP)，该问题是为商人寻找一条走访顺序，使得商人沿着走访顺序从所在城市出发，依次拜访完所有城市后返回出发城市的总路程或总代价最短，因为其可能的路线组合数是随着需要走访的城市规模的增加呈指数递增的，所以说 TSP 问题是一个复杂的 NP-hard 组合优化问题。

为了便于问题分析，我们给出以下假设：

(1)无人系统应当遍历所有任务区域，并且每个任务区域只能到达一次。

(2)任务区的空间分布是对称无方向性的，即任务区 i 到任务区 j 的路径距离与任务区 j 到任务区 i 的路径距离相等。

(3)在任务场景中有 N 个待侦察的任务区域，且 N 个待侦察任务区的位置信息、区域信息以及无人系统的基本性能等为已知参数。

(4)无人系统运动速度已知且保持不变，任务区域为二维平面区域，不考虑高度信息。

二、任务路径序列

任务路径规划的目的是寻找出一条合适可行的路径序列，使得某一目标达到最优。其中，路径序列可用一系列航路点表示，相邻航路点之间用直线段连接，具体表示如下：

$$M = \{B_0, M_1, M_2, \cdots, M_N, B_0\} \tag{4-7}$$

式中　B_0——执行任务前无人系统所在的基地，也是无人系统返回的基地，相应的位置坐标为 (x_0, y_0)；

N——任务场景中的待侦察任务区域数量。

式(4-7)中，M 表示无人系统所在的基地与任务区域的集合，在任务路径规划问题中我们对该集合进行整数化表示，可以表示为 $M=\{0,1,2,\cdots,i,\cdots,N,0\}$，节点 0 表示起始基地，其中元素 i 则代表集合 M 的第 i 个元素，相应的位置坐标为 (x_i, y_i)。

三、无人系统任务路径规划问题的数学模型

1. 目标函数

为了使每个待侦察的任务区在满足特定约束条件(无人系统性能、任务区资源需求、任务环境等)下，都能获取到满意的侦察收益，因此，需要保证无人系统的整个侦察路径最短，以确保无人系统可以有更多的有效时间分配给相应的任务区域执行侦察任务。因此，任务路径规划问题需要规划出一条完成任务的最短路径，相应的目标函数表示如下：

$$D_{\min} = \min\left(\sum_{i=0}^{N}\sum_{j=0}^{N} d_{ij} x_{ij}\right) \tag{4-8}$$

式中，x_{ij} 为求解无人系统路径规划问题的决策变量，满足 $x_{ij} \in \{0,1\}$，定义如下：

$$x_{ij} = \begin{cases} 1 & (i,j) \in E \\ 0 & (i,j) \notin E \end{cases}, i \neq j \tag{4-9}$$

式中　E——无人系统的任务路径集合，$E = \{\langle i,j \rangle \mid i,j \in M, i \neq j\}$；

d_{ij}——无人系统第 i 个航路点到第 j 个航路点的欧氏距离，计算如下：

$$d_{ij} = \sqrt{(x_i - x_j)^2 + (y_i - y_j)^2}, i,j \in M \tag{4-10}$$

2. 约束条件

针对无人系统侦察任务路径规划问题的特点，路径规划过程中需要考虑的约束条件如下：

(1)任务区域的遍历唯一性限制：

$$\sum_{i=0,i\neq j}^{N} x_{ij} = 1 , j \in M \tag{4-11}$$

$$\sum_{j=0,i\neq j}^{N} x_{ij} = 1 , i \in M \tag{4-12}$$

上述约束条件确保了无人系统必须且只能到达每个任务区域一次，而不会重复到达某一个任务区域。

(2)任务区域的遍历完整性约束：

$$\sum_{i=0}^{N} \sum_{j=0,i\neq j}^{N} x_{ij} = N \tag{4-13}$$

由于侦察任务要求无人系统必须遍历完所有任务区域，并返回起始基地，式(4-13)保证了无人系统能够到达所有任务区域。

(3)任务路径的起始点约束。无人系统需要从起始基地出发并在执行完所有任务区的侦察任务后返回起始基地，须满足约束条件如下：

$$\sum_{j=0}^{N} x_{1j} = 1 \tag{4-14}$$

$$\sum_{i=0}^{N} x_{i1} = 1 \tag{4-15}$$

式(4-14)确保无人系统必须从起始基地出发，式(4-15)确保无人系统执行完所有任务区侦察后返回起始基地。

4.2.2 任务路径规划问题的布谷鸟搜索算法实现

一、布谷鸟搜索算法的实现策略

标准的布谷鸟搜索算法只能用于求解连续型变量的优化问题，不能用于求解离散型变量的优化问题，例如任务路径规划这类组合优化问题就属于离散型变量优化问题，因此，需要对标准布谷鸟搜索算法进行离散化处理。

基于此，有研究者针对传统 TSP 问题，通过引入新的布谷鸟种类，提出了区域置换机制，该机制使得离散布谷鸟搜索算法避免陷入局部最优，仿真结果表明该机制优于遗传算法和离散粒子群算法；也有学者提出了一种满足 Lévy 随机分布，同时利用插入、交换、倒置三个操作算子产生新组合解的离散布谷鸟搜索算法，以解决作业车间的调度优化问题。针对研究问题领域的不同，研究者提出了很多种离散化方法及各种优化迭代策略。由此可见，对于离散布谷鸟搜索算法的实现机制并没有一个标准的方法，针对任务路径规划问题的特点，借鉴不同研究者的成果，我们从如下几个方面对布谷鸟搜索算法进行离散化处理及迭代策略改进。

1. 解的离散化处理

由于算法中的每一个布谷鸟蛋代表了种群中的一个个体，也可以说是一个解，在解决任务路径规划问题时，可以将布谷鸟蛋(解)看作是一个哈密顿圆，以此来表示一个可行的任务路径，如图 4.4 所示，在此种情况下的解可以表示为[1 2 3 4 5 6 1]。

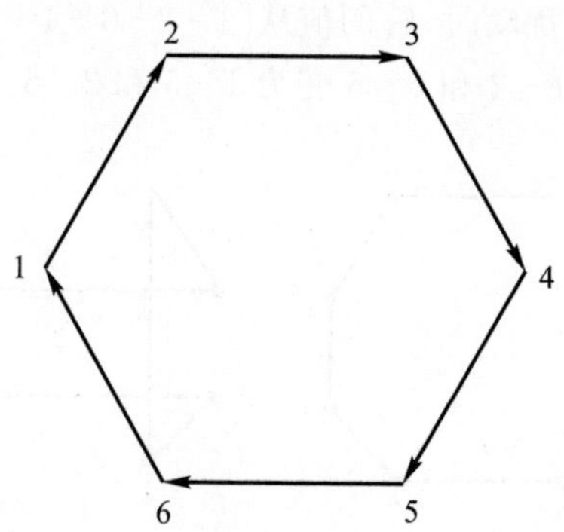

图 4.4　路径规划问题中解的表示

2. 离散布谷鸟搜索算法中鸟巢的设计

在离散布谷鸟搜索算法中，对鸟巢做如下设定：

1)鸟巢的数量是固定的，鸟巢的数量即为种群的个数；

2)一个鸟巢代表的是种群中的一个个体；

3)一个被抛弃的鸟巢可被种群中新生成的个体所代替。

将鸟巢的以上特征应用到任务路径规划问题的求解中，种群中的每一个个体视为一个鸟巢，该鸟巢可以由多个布谷鸟蛋(解)组成，即可以包含多个哈密顿圈，当然也可以只包含一个布谷鸟蛋(解)，在侦察任务路径规划问题中，因为是单目标函数，所以我们约定一个鸟巢中只包含一个布谷鸟蛋。

3. 目标函数

在任务路径规划问题中，目标函数是无人系统总的任务路程最短，即求取最短的哈密顿圈，某个解的哈密顿圈越小则代表该解的适应度越好。

4. 解空间的搜索

在任务路径规划问题中，每个待侦察任务区域的坐标都是预先给定的，但是无人系统执行任务的顺序是可以改变的。如何从现有的解产生出新的解决定了算法在解空间中的搜索性能。在离散布谷鸟搜索算法中我们利用加入扰动的方法来产生新的解，常用的扰动方法有 2-opt扰动和 double-bridge 扰动方法，如图 4.5 和图 4.6 所示。

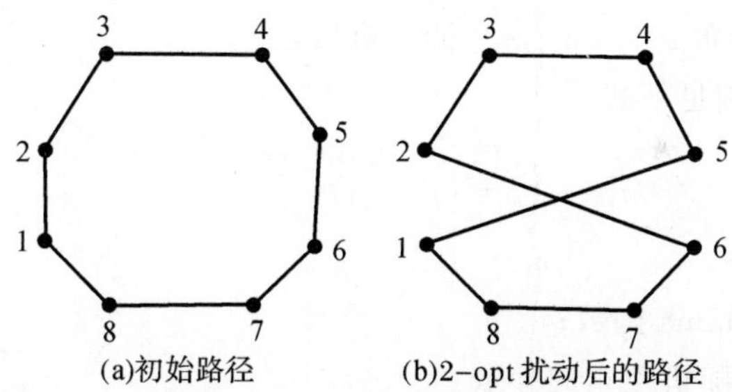

图 4.5　2-opt 扰动示意图

图 4.5 为 2-opt 扰动方法示意图，2-opt 常用于增加小的扰动，使新解产生小的变化，从图中可以看出，当增加一次 2-opt 扰动时，解的值从[1－2－3－4－5－6－7－8－1]变为[1－5－4－3－2－6－7－8－1]，使得连线 1－2 和 5－6 变为 1－5 和 2－6。

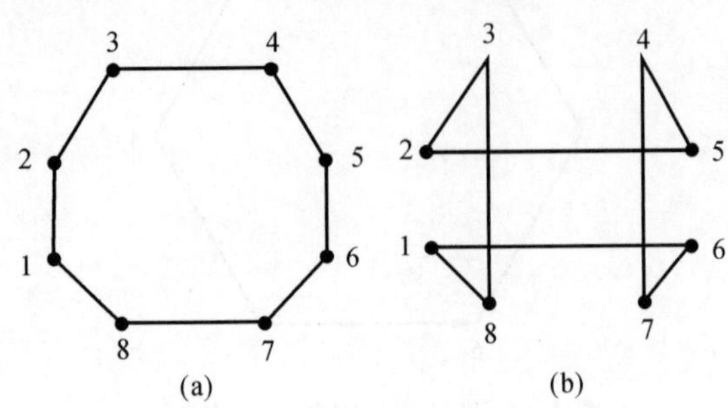

图 4.6　double-bridge 扰动示意图

(a)初始路径；(b)double-bridge 扰动后的路径

图 4.6 为 double-bridge 扰动方法示意图，如图所示，double-bridge 常用于增加较大的扰动，使新解产生大的变化。在图中可以看出，当增加一次 double-bridge 扰动后，解的值从[1－2－3－4－5－6－7－8－1]变为[1－6－7－4－5－2－3－8－1]，此次扰动将 1－2，3－4，5－6，7－8连线全部截断重新相连。

5. 基于 Lévy 飞行的解扰动策略

Lévy 飞行作为布谷鸟搜索算法特有的特征，能够通过偶尔迈出的较大一步使得优化问题避免陷入局部最优解的困境，有关文献已经证明，通过 Lévy 飞行解决优化问题寻求最优解是很有效率的。在求解任务路径规划问题中，为了提高解的搜索质量，我们将算法的搜索步长与 Lévy 飞行联系起来，具体实现方法如下：

首先，通过 Lévy 飞行产生一个 $0 \sim 1$ 之间的值 l，根据 l 值产生新的鸟窝：

1)当 $l \in [0,i)$ 时，选定的解进行一次 2-opt 扰动；

2)当 $l \in [(k-1)\times i, k\times i)$ 时，选定的解进行 k 次 2-opt 扰动；

3)当 $l \in [k\times i, 1)$ 时，选定的解通过 double-bridge 进行一次大的扰动。

其中，$i = 1/(1+p)$，p 为迭代步数，$k \in \{2,3,\cdots,p\}$，通过 Lévy 飞行产生 l 值的公式为

$$l = \max[\,|\mu/(|\nu|^{1/\beta})|\,] \tag{4-16}$$

式中　μ ——服从正态分布 $\mu \sim N(0,\sigma_\mu^2)$ 的随机数；

ν ——服从正态分布 $\nu \sim N(0,\sigma_\nu^2)$ 的随机数。

正态分布的均方差满足下式：

$$\left.\begin{aligned} \sigma_\mu &= \left\{\frac{\Gamma(1+\beta)\sin(\pi\beta/2)}{\beta\Gamma[(1+\beta)/2]2^{(\beta-1)/2}}\right\}^{1/\beta} \\ \sigma_\nu &= 1 \end{aligned}\right\} \tag{4-17}$$

式中　Γ ——标准的 Gamma 函数；

β ——Lévy 飞行随机搜索的参数，$0 < \beta \leqslant 2$。

二、路径规划问题的布谷鸟搜索算法实现流程

综合以上分析，采用布谷鸟搜索算法解决无人系统任务路径规划问题的具体实施步骤

如下：

步骤 1：初始化数据。

初始化待侦察任务区总数量 N，任务区的坐标位置$(x_i,y_i)=1,2,3,\cdots,N$，以及无人系统的初始位置、运动速度等数据。

步骤 2：设置布谷鸟搜索算法的参数。

设置鸟巢数量为 m，巢主鸟发现外来鸟蛋的概率为 p_a，最大迭代次数为 $\text{inter}_{\max}$，采用整数编码随机生成一个 $m\times(N+2)$的初始矩阵 $\boldsymbol{Y}_{m\times(N+2)}$，进行鸟巢位置初始化。

步骤 3：计算适应度值。

以遍历全部侦察任务区的任务路程长度为适应度函数，计算每个鸟巢个体的适应度值，找出适应度最小值并记录相应的鸟巢位置。

步骤 4：产生新鸟巢并保留适应度较好的鸟巢从而生成下一代种群。

通过 Lévy 飞行产生一个 0～1 之间的值 l，根据 l 值产生新的鸟巢：

1)当 $l\in[0,i)$ 时，对当前解进行一次 2-opt 操作，产生新解。

2)当 $l\in[(k-1)\times i,k\times i)$ 时，对当前解进行 k 次 2-opt 操作，产生新解。

3)当 $l\in[k\times i,1)$ 时，对当前解进行一次 double-bridge 操作，产生新解。

其中，$i=1/(1+p)$，p 为步数，$k\in\{2,3,\cdots,p\}$，Lévy 飞行产生步长的公式为 $l=\max[|\mu/(|\nu|^{1/\beta})|]$，这里 μ 和 ν 服从正态分布。然后计算出新鸟巢的适应度，并与上一代的适应度进行比较，若 $f_i^{t+1}<f_i^t$ 则用新的鸟巢替换，否则不变。

步骤 5：判断是否抛弃适应度值较差的鸟巢。

随机产生服从均匀分布 0～1 之间的数 r_a，并与概率 p_a 进行比较，若 $r_a<p_a$，则抛弃适应度值较差的鸟窝并通过局部随机过程建立新的鸟巢；否则，鸟巢保持不变。

步骤 6：判断是否到达最大迭代次数。

如果未达到最大迭代次数，则迭代次数加 1 并返回步骤 3；否则，结束迭代并输出最优解。

算法的程序流程图如图 4.7 所示。

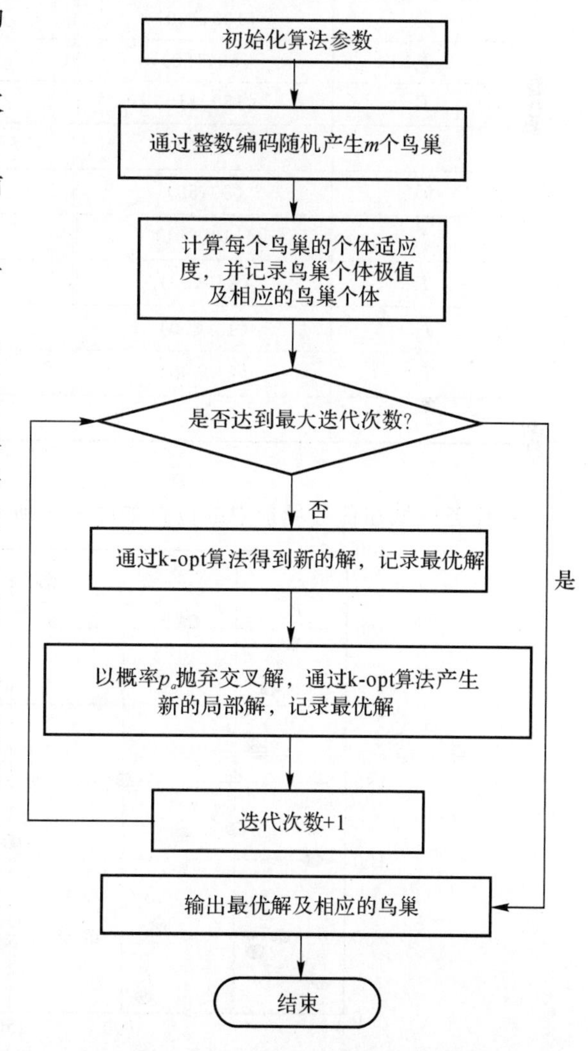

图 4.7　基于布谷鸟搜索算法的路径规划问题求解流程图

4.2.3 仿真实验分析

一、仿真实验环境想定

为了验证布谷鸟搜索算法求解任务路径规划问题的性能，设定如下的实验环境：在一个300 km×300 km的二维任务场景中，假设无人系统的最大连续工作时间 T 为30 h，运动速度为 $v=220$ km/h，无人系统对待侦察任务区的有效扫描宽度为0.3 km，设定起始基地的位置坐标为(0,0)，待侦察任务区域共有24个，任务区域的位置信息见表4-1。

表4-1 待侦察任务区位置信息

任务区编号	坐标位置(km,km)	任务区编号	坐标位置(km,km)
T_1	(10,20)	T_{13}	(70,254)
T_2	(15,100)	T_{14}	(170,30)
T_3	(100,150)	T_{15}	(35,211)
T_4	(50,120)	T_{16}	(169,170)
T_5	(150,110)	T_{17}	(25,240)
T_6	(90,10)	T_{18}	(113,50)
T_7	(30,50)	T_{19}	(269,150)
T_8	(110,201)	T_{20}	(40,40)
T_9	(249,30)	T_{21}	(249,257)
T_{10}	(40,170)	T_{22}	(209,211)
T_{11}	(210,90)	T_{23}	(74,115)
T_{12}	(290,10)	T_{24}	(133,278)

各任务区域在任务场景中的位置如图4.8所示。

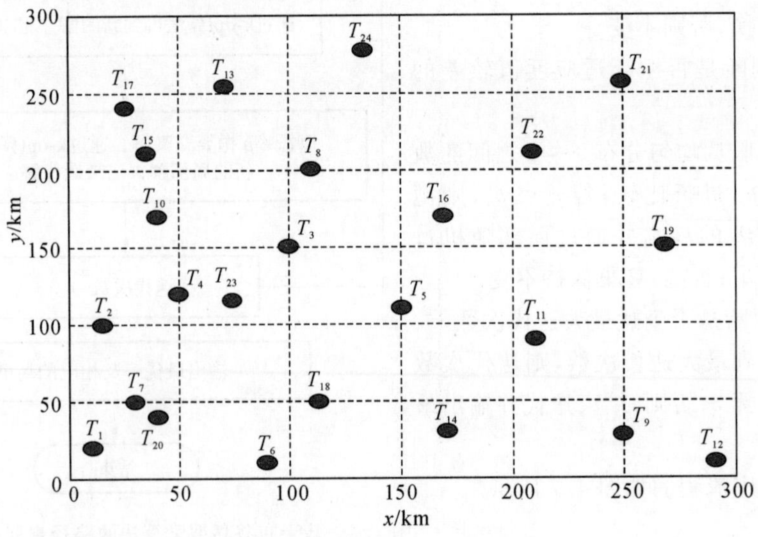

图4.8 待侦察任务区初始分布

二、仿真结果与分析

设定布谷鸟搜索算法的最大迭代次数为 2 000 次，算法中设置鸟巢数量 m 为 20 个，巢主鸟发现外来鸟蛋的概率 p_a 为 0.25。使用布谷鸟搜索算法随机产生的初始解如图 4.9 所示。

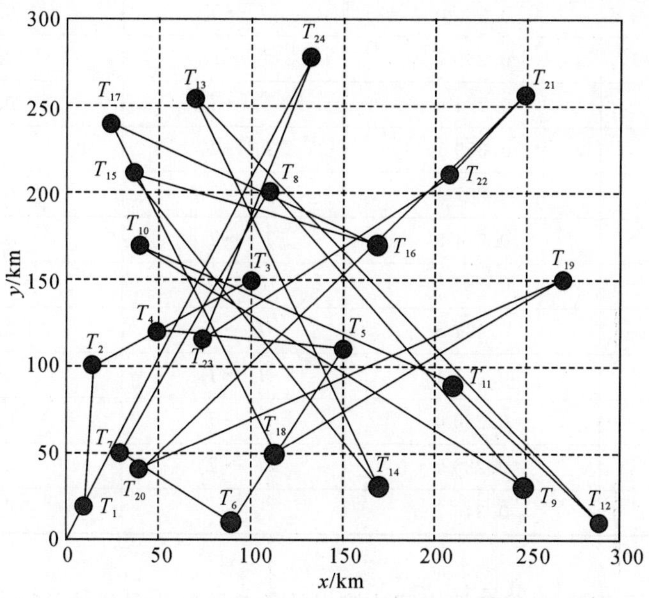

图 4.9　算法产生的随机初始化侦察路径

布谷鸟搜索算法经过 2 000 次的迭代，得到了侦察任务的最优执行路径，如图 4.10 所示，相应的侦察路径规划结果见表 4－2。可见，从基地出发完成对所有任务区遍历后再回到起飞基地所需要的最小时间为 6.699 5 h，总的任务路径距离为 1 473.89 km，对应的任务路径序列为[0－20－6－18－14－9－12－11－19－21－22－16－5－23－3－8－24－13－17－15－10－4－2-7－1－0]。

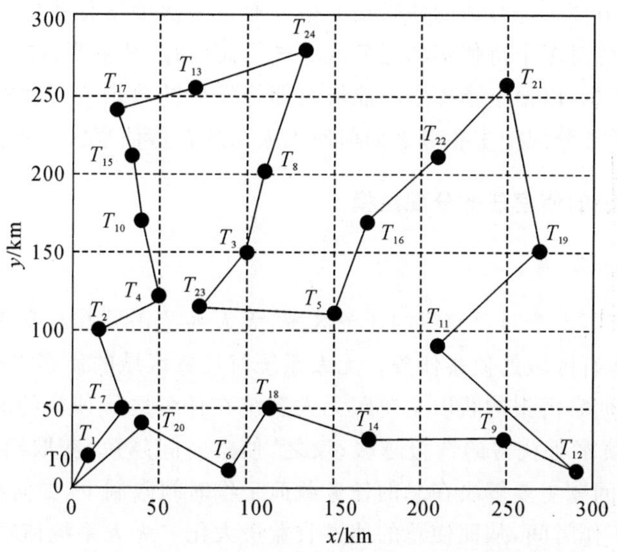

图 4.10　布谷鸟搜索算法输出的最优侦察路径

表 4-2　布谷鸟搜索算法输出的路径规划信息表

任务执行顺序	所需时间/h	任务执行顺序	所需时间/h
$T_0 \to T_{20}$	0.257 1	$T_{23} \to T_3$	0.198 2
$T_{20} \to T_6$	0.265 0	$T_3 \to T_8$	0.236 2
$T_6 \to T_{18}$	0.209 7	$T_8 \to T_{24}$	0.365 3
$T_{18} \to T_{14}$	0.274 6	$T_{24} \to T_{13}$	0.306 4
$T_{14} \to T_9$	0.359 1	$T_{13} \to T_{17}$	0.214 2
$T_9 \to T_{12}$	0.207 4	$T_{17} \to T_{15}$	0.139 4
$T_{12} \to T_{11}$	0.514 3	$T_{15} \to T_{10}$	0.187 7
$T_{11} \to T_{19}$	0.382 5	$T_{10} \to T_4$	0.231 8
$T_{19} \to T_{21}$	0.494 8	$T_4 \to T_2$	0.183 2
$T_{21} \to T_{22}$	0.277 1	$T_2 \to T_7$	0.237 3
$T_{22} \to T_{16}$	0.260 4	$T_7 \to T_1$	0.163 9
$T_{16} \to T_5$	0.286 1	$T_1 \to T_0$	0.101 6
$T_5 \to T_{23}$	0.346 2	—	—

通过相应的分析可知，布谷鸟搜索算法输出的任务路径为最优执行路径，具有最短的任务距离。由此可见，布谷鸟搜索算法为求解无人系统的侦察任务路径规划问题提供了一种新的、有效的求解方法。

4.3　基于布谷鸟搜索算法的无人系统任务分配

由于无人系统及各种传感器技术的发展，目前，无人系统越来越多地被应用于战场环境的侦察、震后灾区的灾情侦察等有关的侦察任务中。通常一次侦察任务中包含多个需要侦察的重点区域，当无人系统对多个待侦察的任务区域进行侦察时，其主要目的是尽可能多地获取战场或任务区的情报信息，以便于指挥中心能够对即将发生的攻击或搜救行动及时做出有效的决策，因此，在侦察任务分配中主要考虑如何使无人系统在待侦察区域所获得的信息最大化。

4.3.1　无人系统的侦察任务分配建模

一、问题描述

在任务场景中有若干个需要侦察的任务区域，无人系统需要在自身携带任务载荷的有效工作时间内完成对所有区域的侦察任务。无人系统对任务区域的侦察收益主要是通过获取侦察情报来体现的，而侦察情报的获取主要跟无人系统在任务区域侦察的时间相关。一般情况下，侦察时间越长，侦察所获得的情报越多；反之，侦察时间越短，获取到的侦察情报也越少。因此，侦察任务分配问题主要解决在总的任务载荷工作时间限制下，如何给每个待侦察任务区域分配相应的载荷工作时间，从而使总的侦察收益最大化。无人系统侦察任务分配如图 4.11 所示。

在侦察任务分配问题中，需要求解的决策变量为 $t_i, i=1,2,\cdots,N$，为了便于求解无人系统侦察任务分配问题，我们给出如下假设：

1)无人系统的侦察载荷以及载荷的工作性能是已知的；

2)根据实际情况可以将任务区域分为点目标、线目标以及面目标，在此我们将任务区看作面目标，同时任务区域的数量、位置以及待侦察任务区域的面积是已知的；

3)无人系统执行侦察任务时的侦察任务路径是已知的，可以按照前面所讲的任务路径规划方法获得相应的侦察路径序列；

4)无人系统需要在自身有效工作时间内侦察完所有目标区域，但是不一定对每个任务区域都进行完全侦察，满足侦察指标要求即可。

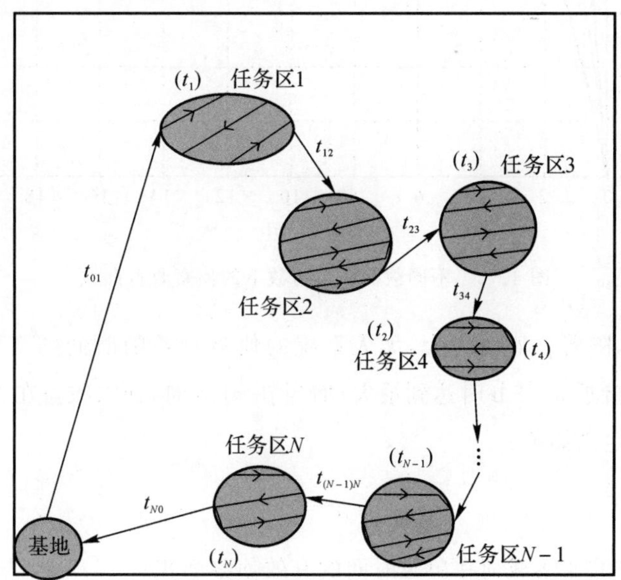

图 4.11　无人系统侦察任务分配问题示意图

二、侦察收益指标的确定

在侦察任务分配问题中，对任务区域侦察的目的是为了获得有效情报信息，从而降低对任务区域的不确定性。但是一般情况下，无人系统在对任务区域进行侦察时都处于复杂的不确定性环境中，同时还会受到自身续航工作时间及所携带的侦察载荷有效工作时间的限制，通常难以保证对每个任务区域都能做到完全信息侦察。为了便于分析，我们给出采用信息确定性指标来衡量特定时间内无人系统对任务区域的侦察收益，信息确定性指标主要和无人系统在待侦察任务区域的侦察时间、侦察载荷的工作能力等有关，表达式为

$$G(t) = G_0 + G_1(1 - e^{-\beta t}) \tag{4-18}$$

式中　G_0 ——侦察任务开始前对任务区的已知信息，$0 \leqslant G_0 < 1$；

G_1 ——对任务区域的信息不确定性部分，满足 $G_0 + G_1 = 1$；

β ——无人系统所携带的侦察载荷对任务区域进行侦察的能力指数，主要由侦察载荷的固有能力、待侦察任务区域的特性以及无人系统的性能所决定。

不同载荷能力指数下的侦察收益曲线如图 4.12 所示，在此假设 $G_0=0$。

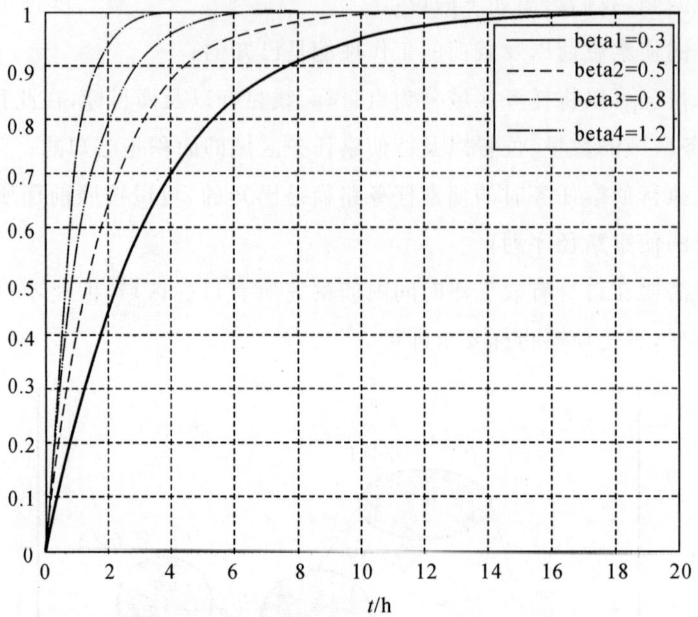

图 4.12 不同载荷能力指数下的侦察收益曲线

由图 4.12 可知，随着 β 值的增大，无人系统的侦察收益随时间的变化越快。当 $\beta=1.2$ 时，侦察收益能够在接近 $t=4$ h 时达到最大；而当 $\beta=0.3$ 时，侦察收益在 $t=16$ h 左右的时间达到最大。其中，β 定义如下：

$$\beta=\frac{S'}{S} \tag{4-19}$$

式中 S'——所携带的侦察载荷在单位时间的有效侦察面积；

S——待侦察任务区域的面积大小。

一般可将侦察载荷单位时间内的有效搜索面积 S' 表示为

$$S'=wv \tag{4-20}$$

式中 w——侦察载荷对任务区域的有效扫描宽度；

v——无人系统的侦察工作速度。

综上所述，可把式(4-19)表达为

$$\beta=\frac{wv}{S} \tag{4-21}$$

根据以上分析可以知道，在无人系统进入待侦察任务区域以前，对该任务区域的信息确定性为 0，随着对任务区域侦察时间的增加，任务区域的信息确定性指标逐渐增加，当信息确定性为 1 时达到对该任务区域的完全侦察，由于无人系统在侦察过程中有续航工作时间及侦察载荷有效工作时间的约束，通常难以完成对所有任务区域的完全信息侦察，即无人系统能够侦察完所有目标区域但不一定能够完成对所有任务区域的完全信息侦察。

三、侦察任务分配的数学模型

1. 目标函数

在侦察任务分配问题中，每一个待侦察的任务区域 i 都有相应的侦察价值，针对不同类型的任务区域，我们用价值系数 c_i 表示该任务区域的侦察优先级或者对该任务区域侦察后获取情报信息的价值。

无人系统侦察完所有任务区域后获得的综合收益可以看作是对所有任务区域的侦察收益之和，收益值的大小代表本次侦察任务结束后最终获得的总信息量，收益值越大，表示侦察获得的有效信息越多。由前述分析可知，对每一个任务区域 i 的侦察收益主要由分配给该任务区域的侦察时间 t_i 确定，于是可以把多任务区的侦察任务分配问题看成是对每个任务区域进行侦察载荷有效工作时间分配的最优化问题：

$$G_{\max} = \max\left\{ \sum_{i=1}^{n} c_i \left[1 - \exp\left(-\frac{w_i v}{S_i} t_i \right) \right] \right\} \tag{4-22}$$

式中　N ——任务场景中的待侦察任务区域数量；

M ——侦察任务区域集合 $M=\{1,2,\cdots,N\}$，节点1表示任务区域1，依次类推；

S_i ——第 i 个任务区域的面积大小，$i \in M$，假定任务区为长方形区域；

c_i ——第 i 个任务区域的侦察价值系数，$i \in M$；

w_i ——侦察载荷对任务区域 i 的有效扫描宽度；

v ——无人系统执行任务时的飞行速度；

t_i ——为第 i 个任务区域分配的侦察时间，$i \in M$。

2. 约束条件

(1)侦察载荷有效工作时间约束。

假定无人系统的续航工作时间 T 是已知的，同时，无人系统从起始基地出发后，根据预定任务路径侦察完所有任务区域再回到基地的总飞行时间 T_f 也是已知的，则留给无人系统可分配给任务区域用于情报侦察的时间变为 $T_r = T - T_f$，所以有如下的侦察载荷有效工作时间约束：

$$\sum_{i=1}^{N} t_i \leqslant T - T_f \tag{4-23}$$

(2)最小侦察收益约束。

在侦察收益最大化问题中，规定无人系统对于每个任务区域的侦察都应有一个最小侦察收益的限制，即无人系统到达该任务区域且侦察完该任务区域后获得的情报不至于过少或者没有，从而导致对该任务区域的侦察失去意义。规定如下的最小侦察收益约束：

$$c_i \left[1 - \exp\left(\frac{w_i v}{S_i} t_i \right) \right] \geqslant G_{i\min}, \quad i = 1,2,\cdots,N \tag{4-24}$$

式中，$G_{i\min}$ 是对第 i 个任务区域进行侦察时，必须达到的最小侦察收益，$i \in M$。

4.3.2　侦察任务分配问题的布谷鸟搜索算法实现

一、布谷鸟搜索算法的改进

对于多任务区域侦察任务分配问题来说，决策变量为无人系统分配给任务区域 i 的侦察

时间 t_i，$i=1,2,\cdots,N$，该变量是连续型的时间变量，可应用布谷鸟搜索算法进行求解。一般情况下，标准的布谷鸟搜索算法可以寻找到问题的最优解，但是由于标准算法的参数 β 在算法运行过程中被设定为常数值，导致算法的寻优性能减弱。为了使算法能够更快收敛，应该对算法中的参数 β 进行改进，如果 β 值能够根据迭代过程中不同阶段的搜索结果自适应调整取值，就能使所求得的解在早期迭代过程中取值足够大从而进一步增强解的多样性，在后期的迭代过程中取值逐渐减小以便更好地进行局部搜索。根据以上分析，引入如下的自适应比例因子：

$$\beta=\beta_0\frac{\sum_{i=1}^{N}G(x_i^{(0)})}{\sum_{i=1}^{N}G(x_i^{(t-1)})} \tag{4-25}$$

式中 β_0——标准布谷鸟搜索算法的 β 参数；

$G(x_i^{(0)})$——在算法运行的初始阶段，布谷鸟个体的适应度值；

$G(x_i^{(t-1)})$——在第 $t-1$ 代，布谷鸟个体的适应度值。

从式(4-25)可以看出，β 值将会随总侦察收益的增加而递减，其中 $\beta\leqslant\beta_0$。

二、改进布谷鸟搜索算法的工作流程

将上述改进后的布谷鸟搜索算法应用于无人系统的侦察任务分配问题中，具体的工作流程如下。

步骤 1：设定布谷鸟搜索算法参数。

设定鸟巢数量为 m，巢主鸟发现外来鸟蛋的概率为 p_a，最大迭代次数为 inter max，任务区域数量为 n，随机生成的一个 $m\times n$ 初始矩阵 $\boldsymbol{X}_{m\times n}$ 进行鸟巢位置初始化。

步骤 2：计算适应度值。

以侦察任务分配问题的目标函数为算法的适应度函数，计算每个鸟巢的适应度，寻找当前代种群中的最大值并记录相应的鸟巢解。

步骤 3：根据下式计算自适应比例因子 β。

$$\beta=\beta_0\frac{\sum_{i=1}^{N}G(x_i^{(0)})}{\sum_{i=1}^{N}G(x_i^{(t-1)})}$$

步骤 4：新鸟巢的生成与保留。

通过 Lévy 飞行过程产生新的鸟巢，并将适应度值最好的鸟巢解保留到下一代，用下式更新鸟巢位置：

$$x_i^{(t+1)}=x_i^{(t)}+\alpha\oplus L(\beta)\sim 0.01\frac{\mu}{|\nu|^{1/\beta}}(x_j^{(t)}-x_i^{(t)})$$

利用该公式计算出新鸟巢的适应度值并与之前的鸟巢适应度值进行比较，若 $f_i^{(t+1)}>f_i^{(t)}$ 则用新的解替换，否则不变。

步骤 5:判断是否抛弃适应度较差的鸟巢。

利用轮盘赌规则产生服从 0～1 均匀分布的随机数 r,将其与概率 p_a 进行比较。若 $r<p_a$ 则抛弃适应度较差的鸟巢并通过局部随机搜索过程建立全新的鸟巢;否则,保持鸟巢不变。将产生的新解与之前的解进行比较,保留最优解。

步骤 6:判断迭代次数是否达到最大值。

如果未达到最大迭代次数,则迭代次数加 1 并返回步骤 3 中;否则,退出迭代并输出最优解。

整个求解过程可以采用的程序流程如图 4.13 所示。

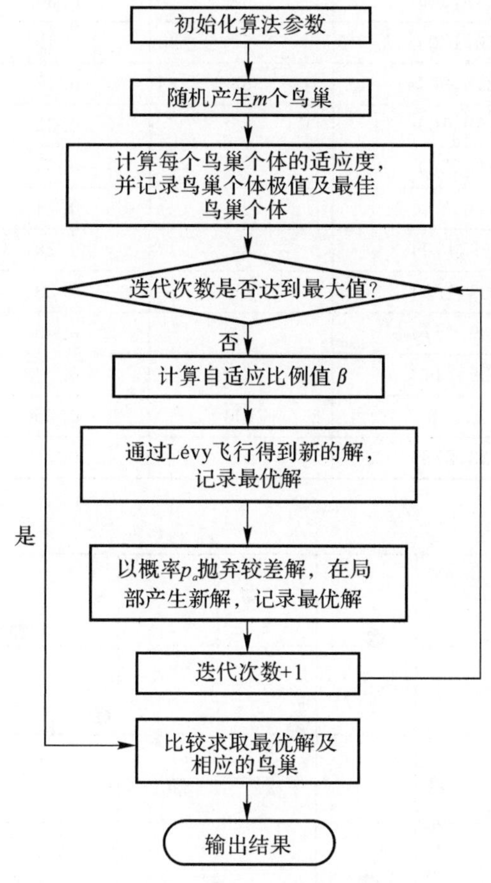

图 4.13　侦察任务分配问题的布谷鸟搜索算法求解程序流程图

4.3.3　仿真实验分析

一、任务环境想定

为了验证布谷鸟搜索算法求解侦察任务分配问题的性能,我们设定如下的实验环境,即在一个 300 km×300 km 二维任务场景中,无人系统能够用于侦察的有效工作时间 T_r 为25 h,待侦察任务区域的数量为 16 个,无人系统所携带侦察载荷对任务区域 $i(i=1,2,\cdots,16)$的有效扫描宽度为 0.3 km,无人系统的飞行速度为 $v=220$ km/h,16 个任务区的参数信息见表 4-3,任务区域在任务场景中的分布图如图 4.14 所示。

表 4-3 待侦察任务区域的参数设置

任务区编号	坐标位置 (km,km)	待侦察面积 km^2	价值系数	最小侦察收益
T_1	(15,100)	81	0.63	0.55
T_2	(150,110)	50	0.41	0.25
T_3	(70,50)	41	0.31	0.25
T_4	(110,201)	77	0.53	0.25
T_5	(249,30)	62	0.34	0.25
T_6	(40,170)	55	0.49	0.25
T_7	(210,90)	88	0.47	0.25
T_8	(290,10)	85	0.32	0.25
T_9	(70,254)	99	0.64	0.55
T_{10}	(170,30)	66	0.74	0.25
T_{11}	(169,170)	84	0.78	0.25
T_{12}	(269,150)	65	0.28	0.25
T_{13}	(249,257)	74	0.43	0.25
T_{14}	(209,211)	46	0.54	0.25
T_{15}	(74,115)	100	0.66	0.55
T_{16}	(133,278)	46	0.74	0.25

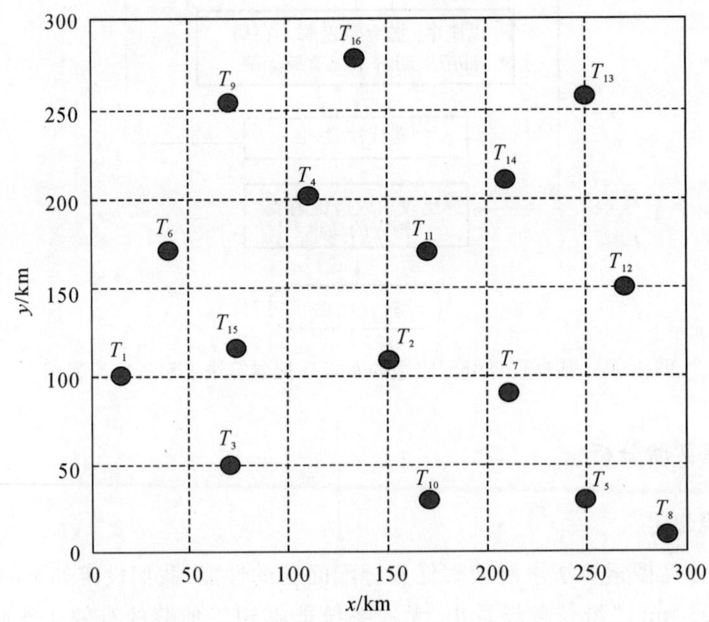

图 4.14 无人系统侦察任务分配的场景设定

二、仿真结果与分析

设定布谷鸟搜索算法的最大迭代次数为 200 次，算法中设置鸟巢数量 m 为 20 个，巢主鸟发现外来鸟蛋的概率 p_a 为 0.25。通过算法求得各个任务区域的侦察时间分配结果如表 4－4 所示，各任务区域侦察时间分配结果及相应侦察收益的可视化结果如图 4.15 和图 4.16 所示。

表 4－4　待侦察任务区的侦察时间分配结果

任务区编号	价值系数	最小侦察收益要求	分配侦察时间/h	获得的侦察收益
T_1	0.63	0.55	2.52	0.55
T_2	0.41	0.25	0.90	0.29
T_3	0.31	0.25	0.99	0.25
T_4	0.53	0.25	1.12	0.32
T_5	0.34	0.25	1.22	0.25
T_6	0.49	0.25	1.00	0.34
T_7	0.47	0.25	1.05	0.26
T_8	0.32	0.25	1.90	0.25
T_9	0.64	0.55	2.95	0.55
T_{10}	0.74	0.25	1.44	0.57
T_{11}	0.78	0.25	1.58	0.56
T_{12}	0.28	0.25	2.32	0.25
T_{13}	0.43	0.25	1.0022	0.26
T_{14}	0.54	0.25	1.0545	0.42
T_{15}	0.66	0.55	2.6817	0.55
T_{16}	0.74	0.25	1.2825	0.63

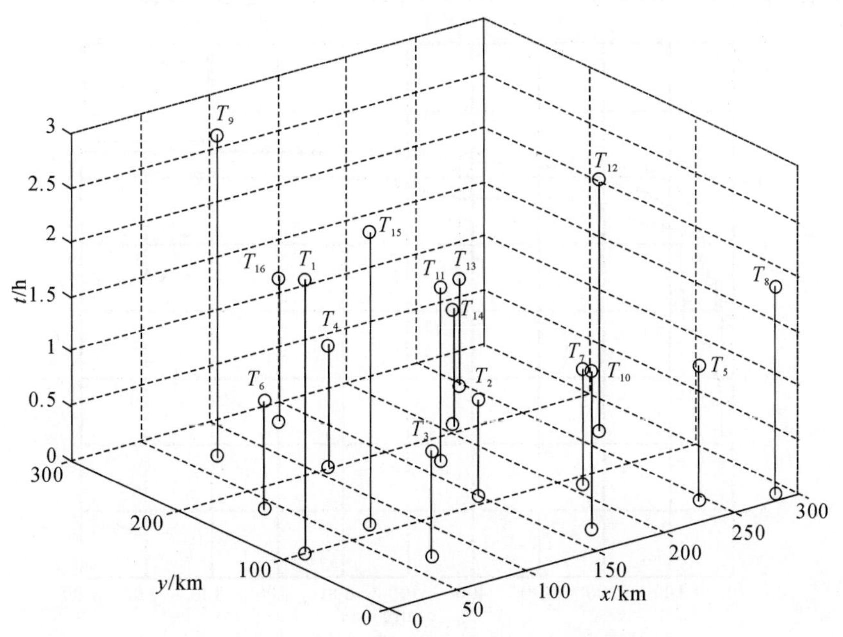

图 4.15　各任务区域侦察时间分配结果图示

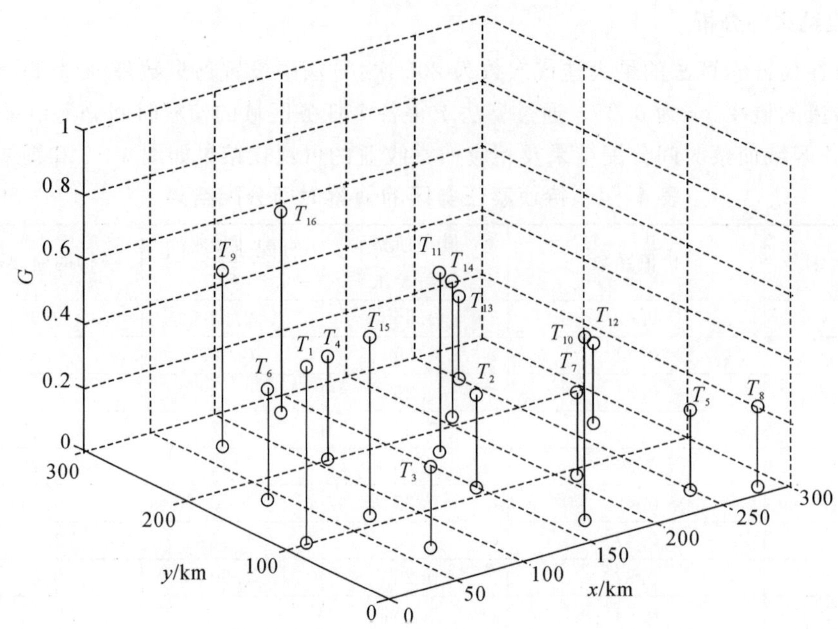

图 4.16　各任务区域侦察收益结果图示

根据仿真结果可知,布谷鸟搜索算法为各个待侦察任务区域分配的侦察时间满足要求,无人系统对每个待侦察任务区域的侦察收益都不小于预定的最小侦察收益约束,同时最大限度地使用了侦察载荷的可用工作时间。在时间约束下。算法更倾向于给价值系数大的任务区域分配更多的侦察时间,这是符合实际需求的。

为了测试经过自适应改进后布谷鸟搜索算法的性能,我们针对该任务场景分别对比了标准布谷鸟搜索算法和传统的遗传算法,三种算法的适应度值进化收敛曲线如图 4.17 所示。

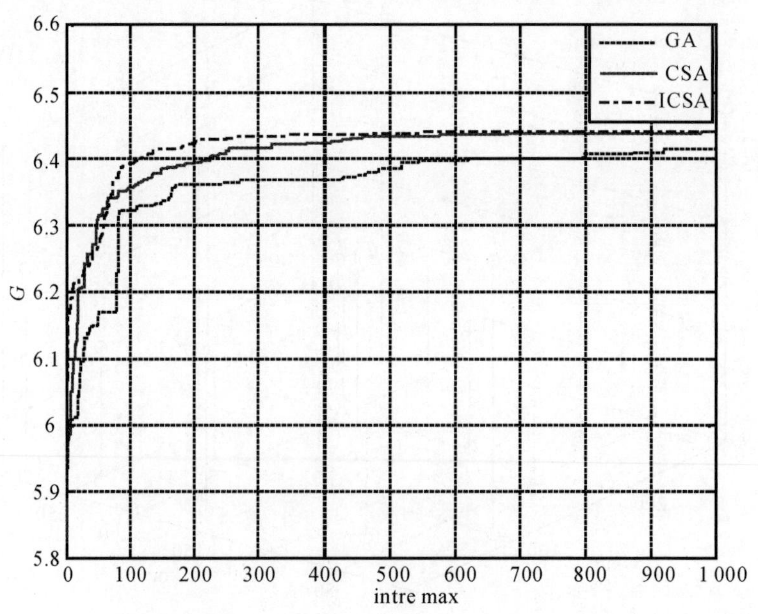

图 4.17　不同算法下的适应度值变化曲线

从三种算法求解侦察任务分配问题目标函数的适应度值变化曲线中可以看出，相对于标准布谷鸟搜索算法和传统的遗传算法，改进的布谷鸟搜索算法具有收敛速度快的优点，能够在较小的迭代次数下达到收敛，且能够快速有效地给出最优的任务区域侦察任务分配方案。

4.4　基于布谷鸟搜索算法的多无人系统协同侦察任务分配

由于自身性能等因素限制，单个无人系统有时无法满足侦察任务需求，此时就需要多个无人系统携带多种侦察载荷协同执行对目标区域的侦察任务。使用多无人系统协同执行侦察任务能够提升任务完成效率，实现多机间协同优势互补，缩短任务执行时间。协同侦察的优势主要体现在以下几点。

1. 提高多无人系统的侦察效率

当无人系统中的某一个或某几个故障无法执行任务时，可将其剩余的侦察任务及时分配给其他的无人系统，从而有效提高任务的成功率。多无人系统能够从不同方位、不同角度对目标进行全面、细致的侦察，提高侦察效率。

2. 提高侦察精度

当对复杂任务区执行侦察时，多无人系统可以通过合作即信息资源共享对目标区实施更全面的侦察。

3. 扩大侦察范围

多无人系统进行协同侦察时，若采取适当的编队飞行，能够扩大侦察范围，提升任务效能。

4.4.1　多无人系统协同侦察任务分配建模

一、问题描述

为了考虑模型的实用性，我们在本节增加了协同侦察任务模型的复杂度，考虑有多个出发基地、携带不同任务载荷的异构型无人系统和多种类型的目标区域，不同类型的无人系统能够执行不同类型目标区域的侦察任务。

多无人系统协同侦察任务分配问题(见图 4.18)可以描述为：利用 N_v 种性能不同的无人系统对任务场景内的 M 个目标区域进行侦察，这些无人系统初始时刻位于 B 个不同的基地中，目标区域只能被搭载相应侦察载荷的无人系统所侦察。那么，如何给每个无人系统分配侦察任务，以使其在自身续航时间内获得的总侦察收益最大化，并能返回距离最近的基地？

如图 4.18 所示，基地数量为 2 个，分别记为 Base1 和 Base2，其中 Base1 有两种类型的无人系统，分别记为 U_1，U_2，两种类型各一个；Base2 有两种类型的无人系统，分别记为 U_2，U_3，两种类型各一个。任务区域内有待侦察的目标若干个，目标类型分为 4 种，分别记为 T_1，T_2，T_3，T_4，类型其中 T_1 的目标只能被 U_1 类型的无人系统所侦察，T_2 类型的目标只能被 U_2 类型的无人系统所侦察，T_3 类型的目标只能被 U_3 类型的无人系统所侦察，T_4 类型的目标则可以被 U_2 和 U_3 两种类型的无人系统所侦察。每个无人系统被分配侦察任务后进行区域侦察，任务执行完毕后可以根据自身资源约束选择不同的基地返回。

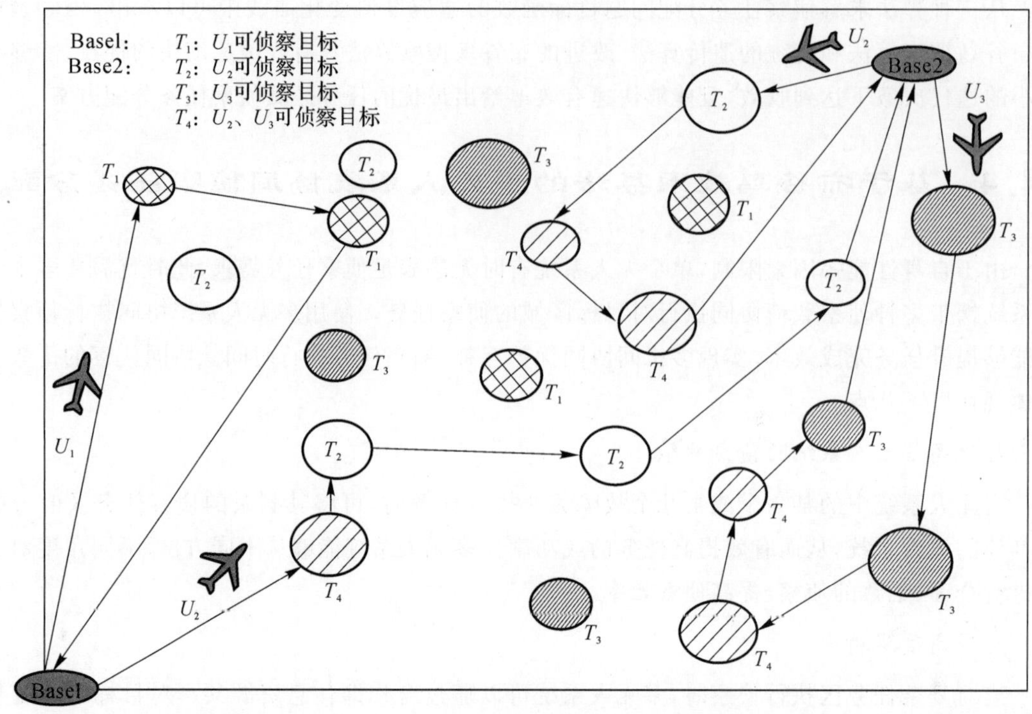

图 4.18　多无人系统协同侦察任务分配示意图

针对该问题,我们给出如下假设:

1)各无人系统运动速度为固定值,但不同种类的无人系统运行速度不同;

2)待侦察目标所在区域为二维平面,即不考虑高度因素;

3)不考虑任务区域内的各类威胁源信息及禁入区;

4)对同类型目标进行侦察所消耗的侦察时间相同,获得的侦察收益也相同;

5)由于执行侦察任务的无人系统所携带的侦察资源有限,因此任务区域内的某些目标无法被侦察到;

6)为了获取最大化侦察收益,不同基地的无人系统在自身资源允许范围内尽可能多地进行侦察,无人系统会优先选择距离最近的基地进行返回。

二、多无人系统协同侦察任务分配数学模型

1. 目标函数

针对多无人系统协同侦察任务分配问题,我们给出如下的最大化侦察收益目标函数:

$$\max F = \max\left(\sum_{b=1}^{B}\sum_{v=1}^{N_v}\sum_{p=0}^{N_{bv}}\sum_{i=1}^{M+B}\sum_{\substack{j=1\\ j\neq 1}}^{M} x_{bvp}^{(ij)} c_j\right) \tag{4-26}$$

式中　M ——待侦察的目标区域数量。

B ——用于起飞及返回的基地数量。

c_j ——侦察目标区 i 所获得的收益, $j = 1,2,\cdots,M$ 。

N_v ——无人系统的类型数量。

N_{bv} ——基地 b 装备第 v 种无人系统的数量。$b=1,2,\cdots,B$ ；$v=1,2,\cdots,N_v$ 。

对于 $x_{bvp}^{(ij)}$，有

$$x_{bvp}^{(ij)}=\begin{cases}1,\text{基地 } b \text{ 第 } v \text{ 种第 } p \text{ 架无人系统需要从目标 } i \text{ 飞行到目标 } j\\0,\text{其他情况}\end{cases}$$

2. 约束条件

针对多无人系统协同侦察任务分配问题的特点，任务分配过程中需要考虑的约束条件如下：

(1)目标侦察次数限制。

令 target 为待侦察目标区集合，$\text{target}=\{t_1,t_2,\cdots,t_M\}$，则对于 $\forall j\in\text{target}$，有

$$\sum_{b=1}^{B}\sum_{v=1}^{N_v}\sum_{p=0}^{N_{bv}}\sum_{i=1}^{M+B}x_{bvp}^{(ij)}\leqslant 1 \tag{4-27}$$

式(4-27)表示侦察区域内待侦察的目标最多被侦察一次，该式为侦察限制约束。

(2)侦察类型匹配约束。

若 $x_{bvp}^{(ij)}=1$，则有

$$T_j\in r_v \tag{4-28}$$

式中　r_v ——第 v 种无人系统可以侦察的目标类型集合；

T_j ——待侦察目标区序号。

式(4-28)表示无人系统类型与待侦察的目标类型匹配。当 $x_{bvp}^{(ij)}=1$，$T_j\in r_v$ 表示基地 b 中第 v 类的第 p 个无人系统具有对目标 T_j 进行侦察的能力。

(3)任务时间约束。

对于 $\forall b\in\text{base},v\in N_v,p\in N_{bv}$，有

$$\sum_{i=1}^{M+B}\sum_{j=1}^{M+B}t_{ijv}x_{bvp}^{(ij)}+\sum_{i=1}^{M+B}\sum_{j=1}^{M}t_{jv}x_{bvp}^{(ij)}\leqslant T_v \tag{4-29}$$

式中　$base$——所有的基地集合base $=\{b_1,b_2,\cdots,b_i\},i=1,2,\cdots$；

t_{ijv} ——第 v 种无人系统从目标 i 到目标 j 的运动时间；

t_{jv} ——第 v 种无人系统侦察目标区 j 所需要的时间；

T_v ——第 v 种无人系统的任务续航时长，$v=1,2,\cdots,N_v$ 。

式(4-29)表示各无人系统完成侦察任务的总时间不能超过自身续航总时间。

(4)平衡性约束。

$$\sum_{j=1}^{M}x_{bvp}^{(ij)}-\sum_{j=1}^{M}x_{bvp}^{ji}=0 \tag{4-30}$$

式(4-30)为平衡性约束条件，用来约束无人系统到达某个待侦察目标区完成侦察任务后必须离开去往下一个目标区或返回某个基地。

(5)任务起始点约束。

对于 $\forall b\in\text{base},v\in N_v,p\in N_{bv}$，有

$$\sum_{j=1}^{M}x_{bvp}^{(ij)}=1,\ \forall i\in\text{base} \tag{4-31}$$

$$\sum_{i=1}^{M}x_{bvp}^{(ij)}=1,\ \forall j\in\text{base} \tag{4-32}$$

式(4－31)和式(4－32)为无人系统起止约束,表示每个无人系统必须从某个基地出发,完成分配的侦察任务后返回某一个基地。

(6)数量约束。

对于 $i \in \text{base}$,有

$$\sum_{b=1}^{B}\sum_{v=1}^{N_v}\sum_{p=0}^{N_{bv}}\sum_{j=1}^{M} x_{bvp}^{(ij)} \leqslant N \tag{4-33}$$

式中, N 为无人系统的总数量。

式(4－33)为无人系统数量限制条件,条件表示侦察任务派出的无人系统总数量不能超过所有基地拥有的无人系统数量之和。

对于 $\forall b \in B, v = 1,2,\cdots,N_v$,即有

$$\sum_{p=0}^{N_{bv}}\sum_{j=1}^{M} x_{bvp}^{(ij)} \leqslant N_{bv} \tag{4-34}$$

式(4－34)表示单个基地中执行任务的无人系统总数不能超过该基地可用无人系统的总数。

4.4.2 协同侦察任务分配问题的布谷鸟搜索算法实现

一、布谷鸟搜索算法的改进

针对多无人系统协同侦察任务分配问题,标准布谷鸟搜索算法难以直接应用且收敛性能较差,我们从几方面进行了相应的改进,包括解向量的构造、初始可行解的生成、解向量的扰动规则等。

1. 解向量的构造

结合多无人系统协同侦察任务分配问题的特点,我们给出如下的解向量构造:

$$\boldsymbol{x}=\begin{matrix} & \begin{matrix} N_1 & N_2 & \cdots & N_{\mathrm{V}} \end{matrix} \\ \begin{matrix} b_1 \\ b_2 \\ \vdots \\ b_B \end{matrix} & \begin{bmatrix} O_{11} & O_{12} & \cdots & O_{1V} \\ O_{21} & O_{22} & \cdots & O_{2V} \\ \vdots & \vdots & & \vdots \\ O_{B1} & O_{B2} & \cdots & O_{BV} \end{bmatrix}_{B\times V} \end{matrix} \tag{4-35}$$

解向量 $\boldsymbol{x}$ 为一个 $B \times V$ 阶的矩阵,其中行表示基地序号,列表示该基地中拥有的无人系统类型序号。元素 $\boldsymbol{O}_{ij}$ 表示基地 i 中第 j 种无人系统所分配的任务序列,表示如下:

$$\boldsymbol{O}_{ij} = \left[\begin{array}{cccc:c} T_1 & T_2 & \cdots & T_M & B \\ Q_1 & Q_2 & \cdots & Q_M & b \end{array}\right] \tag{4-36}$$

式(4－36)表示基地 i 中第 j 种类型无人系统的任务分配向量, T_i 为待侦察任务区序号。改进后的布谷鸟搜索算法采用基于实数向量的表示方式, O_{ij} 中元素取值为 $[0,p+1)$ 中小数点后一位正实数,其中 p 为第 j 种无人系统的数量,整数部分为对应该种无人系统的需求数量;小数部分按由小到大排序为无人系统执行任务的顺序;若第 j 种无人系统无法执行任务 T_M 或某目标没有分配给第 j 种无人系统,则式(4－36)对应列取值为0;最后部分列, B 为各无人系统返回基地的序号。例如,设定基地数量为3,目标数量为6,基地1中无人系统种类为2,每种无人系统数量为2,则基地1中第2种无人系统类型的解可以表示为

$$O_{12}=\left\{\begin{array}{cccccc:c} T_1 & T_2 & T_3 & T_4 & T_5 & T_6 & B \\ 0 & 1.2 & 9 & 2.3 & 2.5 & 0 & 1 \\ 0 & 0 & 0 & 0 & 0 & 0 & 1 \end{array}\right\} \tag{4-37}$$

式(4 - 37)表示基地 1 中第 2 种无人系统的任务分配结果，即 O_{12} 。式中，目标 T_1 、目标 T_3 、目标 T_6 均为 0，这表示该目标未分配给基地 1 内第 2 种类型的无人系统，或者基地 1 内第 2 种类型的无人系统不具有侦察这种类型目标的能力。U_1 侦察目标 T_2 并返回基地 1；U_2 按顺序侦察目标 T_4，T_5 并返回基地 1；由于该种无人系统数量为 2，B 列中元素分别表示 U_1 和 U_2 返回的基地序号。

2. 解向量的扰动规则

布谷鸟算法的特点是参数少、全局搜索能力强、局部搜索能力较弱，因此对解向量进行小步长扰动，使鸟窝位置得到微调，从而增加解向量的多样性、加快收敛速度和局部搜索性能。因此，在迭代过程中引入高斯扰动。当布谷鸟算法经过 Lévy 飞行得到一组解向量后，增加一次高斯扰动，使得新解向量在旧解向量附近微调并保留较好的解向量，如下式所示：

$$\boldsymbol{x}_n^* = \boldsymbol{x}_n + k \oplus \boldsymbol{u} \tag{4-38}$$

式中　$\boldsymbol{x}_n$——旧解向量；

$\boldsymbol{x}_n^*$——新解向量；

$\boldsymbol{u}$——与解向量同阶的随机矩阵，满足 $u_{ij} \sim N(0,1)$ ；

k——扰动调节因子，避免对解向量造成的影响过大导致效率下降。

3. 初始解选取

传统启发式算法的初始解通常是随机产生的，经过有限次迭代得到最优化结果。在侦察任务分配问题中，完全随机选取初始解有可能导致非法解，从而增加种群进化的代数和寻优时间。因此，我们采用可行解代替随机解进行迭代运算。首先，根据聚类规则将待侦察目标分配给各基地，生成各基地内无人系统与目标的分配聚类；然后，各基地获得的任务再分配给其内部各种类型的无人系统，从而生成各个无人系统的侦察任务序列。

(1)目标分配给基地。

采用欧氏距离的聚类方法将待侦察目标分配给各基地，假设任务区域内基地集合为 $B=\{b_1,b_2,b_3\}$，目标集合为 $T=\{T_1,T_2,\cdots,T_{10}\}$，表示区域内有 3 个基地，10 个待侦察目标。然后分别计算各目标 $T_i, i=1,2,\cdots,10$ 到三个基地的欧氏距离 $D_i=\{d_{i1},d_{i2},d_{i3}\}$，其中 $d_{i1}=\sqrt{(x_i-x_1)^2+(y_i-y_1)^2}$，$(x_i,y_i)$，$(x_1,y_1)$ 为 T_i 和基地 b_1 的坐标。求出欧氏距离最小的基地，将目标 $T_i, i=1,2,\cdots,10$ 分配给该基地。通过欧氏距离聚类分配，将所有目标分配给各个基地。

(2)基地内分配。

当各个基地被分配好目标后，只需把解向量中每行 b_i：$\{O_{i1}\ O_{i2}\ \cdots\ O_{iV}\}$ 进行确定就可以得到初始可行解。由于侦察任务具有不同类型，只能被特定类型的无人系统侦察，所以将不同类型的目标对应分配给能侦察该类型目标的无人系统。

二、改进布谷鸟搜索算法的工作流程

使用改进的布谷鸟搜索算法求解多无人系统协同侦察任务分配的工作流程如下。

步骤 1：初始化算法相关参数。例如，任务区数目、基地数目、无人系统种类及数目、鸟巢数量、巢主鸟发现外来鸟蛋的概率以及算法最大迭代次数。

步骤 2:产生初始可行解。通过聚类将待侦察目标分配给各基地,再将各基地分配的任务分配给基地内的无人系统,产生初始可行解。

步骤 3:适应度值计算。计算每个鸟巢的适应度值,寻找当前代种群中的最大值并记录相应的鸟巢解。

步骤 4:进行鸟巢位置更新,结合 Lévy 飞行搜索能力进行算法迭代。

步骤 5:对位置更新后产生的新鸟巢位置执行高斯局部扰动操作。

步骤 6:判断是否抛弃适应度较差的鸟巢。利用轮盘赌规则产生服从 0～1 均匀分布的随机数 r,与概率 p_a 进行比较。若 $r < p_a$,则抛弃适应度较差的鸟巢并通过局部随机搜索过程建立全新的鸟巢;否则,保持鸟巢不变。将产生的新解与之前的解进行比较,保留最优解。

步骤 7:判断迭代次数是否达到最大值。如果未达到最大迭代次数,则迭代次数加 1 并返回步骤 3 中;否则,退出迭代并输出最优解。

改进后的布谷鸟搜索算法的程序流程图如图 4.19 所示。

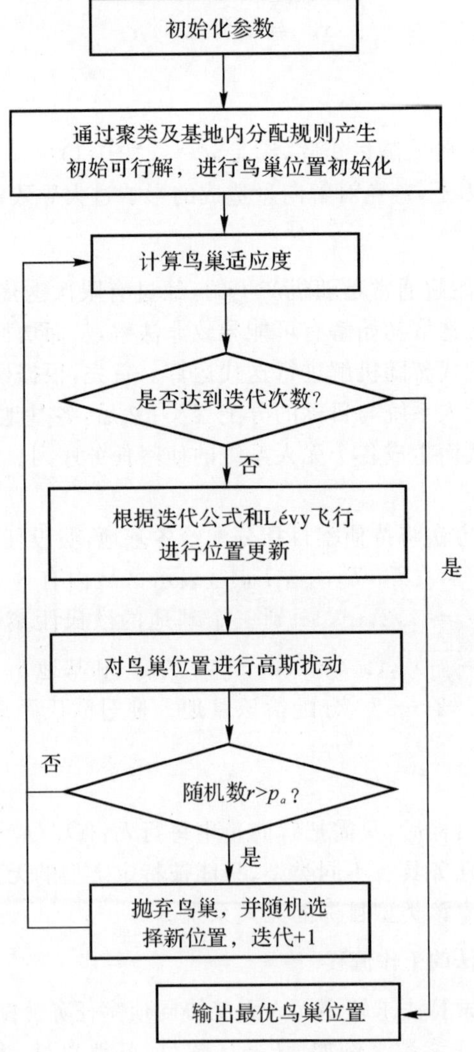

图 4.19　改进后的布谷鸟搜索算法流程图

三、仿真实验分析

1. 侦察环境设定

我们设定如下的实验环境，在一个 100 km×100 km 任务场景中有 3 个无人系统基地，有 3 种类型的无人系统，其型号分别记为 U_1，U_2，U_3，各基地信息见表 4－5。

表 4－5　任务场景中基地配置信息

基地编号	位置 (km,km)	基地内无人系统配置信息
B_1	(0,0)	U_1、U_2 各一架
B_2	(100,0)	U_2、U_3 各一架
B_3	(0,100)	U_1 一架

各类型无人系统的配置信息见表 4－6。

表 4－6　无人系统信息设置

无人系统类型	可侦察的目标类型	任务续航时长 h	巡航速度 km/h
U_1	Ⅰ	10	25
U_2	Ⅱ、Ⅳ	13	40
U_3	Ⅲ、Ⅳ	15	55

任务场景中有 4 种类型的待侦察任务，每种类型的任务有待侦察任务区均为 5 个，共有 20 个待侦察任务区。相应的信息设置见表 4－7。

表 4－7　待侦察任务区信息

任务区编号	任务区坐标 (km,km)	任务类型	所需侦察时间 h
T_1	(10,10)	Ⅰ	0.50
T_2	(35,38)	Ⅱ	1.15
T_3	(24,38)	Ⅲ	1.80
T_4	(45,10)	Ⅳ	1.05
T_5	(14,33)	Ⅰ	0.95
T_6	(29,5)	Ⅱ	0.85
T_7	(65,65)	Ⅲ	1.90
T_8	(50,78)	Ⅳ	1.95
T_9	(55,20)	Ⅰ	1.30
T_{10}	(37,60)	Ⅱ	1.50
T_{11}	(80,25)	Ⅲ	1.75
T_{12}	(92,80)	Ⅳ	2.45
T_{13}	(8,63)	Ⅰ	1.40
T_{14}	(15,43)	Ⅱ	1.00
T_{15}	(50,44)	Ⅲ	1.45

续表

任务区编号	任务区坐标 (km,km)	任务类型	所需侦察时间 h
T_{16}	(30,70)	Ⅳ	1.60
T_{17}	(38,51)	Ⅰ	1.50
T_{18}	(83,45)	Ⅱ	1.95
T_{19}	(60,30)	Ⅲ	1.45
T_{20}	(84,62)	Ⅳ	2.50

各类型的无人系统侦察相应目标所获得的收益信息见表 4-8,表中收益为 0 则表示该类型无人系统不具有侦察该类型目标区的能力。

表 4-8　侦察收益信息表

目标	U_1	U_2	U_3	目标	U_1	U_2	U_3
T_1	100	0	0	T_{11}	0	0	50
T_2	0	90	0	T_{12}	0	45	45
T_3	0	0	55	T_{13}	25	0	0
T_4	0	60	60	T_{14}	0	35	0
T_5	80	0	0	T_{15}	0	0	35
T_6	0	60	0	T_{16}	0	60	60
T_7	0	0	30	T_{17}	60	0	0
T_8	0	35	35	T_{18}	0	50	0
T_9	40	0	0	T_{19}	0	0	30
T_{10}	0	45	0	T_{20}	0	75	75

任务场景中待侦察目标区的分布如图 4.20 所示。

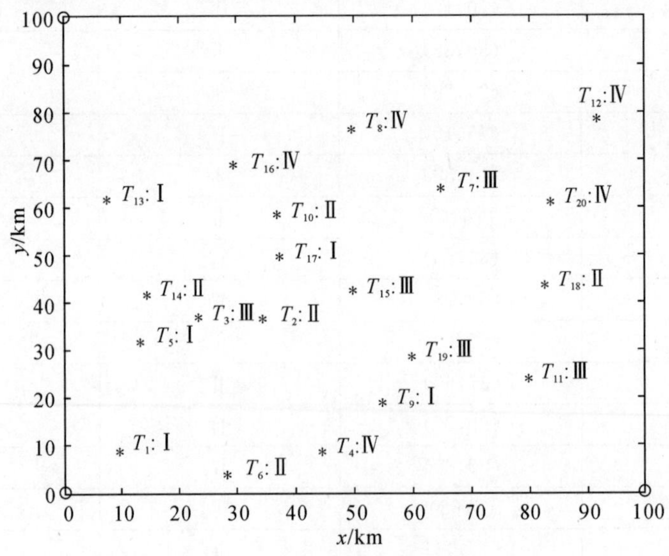

图 4.20　待侦察任务区分布图

2. 仿真结果及分析

采用改进后的布谷鸟搜索算法进行上述问题求解。设置鸟窝数量为 40，迭代次数为 100，发现概率 p_a 为 0.25，k 扰动因子为 0.01，算法给出的初始可行解见表 4-9。

表 4-9　初始可行解对应的任务分配结果

基地编号	无人系统类型	任务分配结果	任务执行顺序	总侦察收益
B_1	U_1	T_1, T_5	$T_5 \to T_1$	790
	U_2	T_2, T_4, T_6, T_{14}	$T_4 \to T_{14} \to T_2 \to T_6 \to T_8$	
B_2	U_2	T_{18}, T_{20}	$T_{20} \to T_{18}$	
	U_3	$T_7, T_{11}, T_{12}, T_{19}$	$T_7 \to T_{11} \to T_{12} \to T_{19}$	
B_3	U_1	T_{13}, T_{17}	$T_{13} \to T_{17}$	

初始可行解对应的任务分配结果如图 4.21 所示。

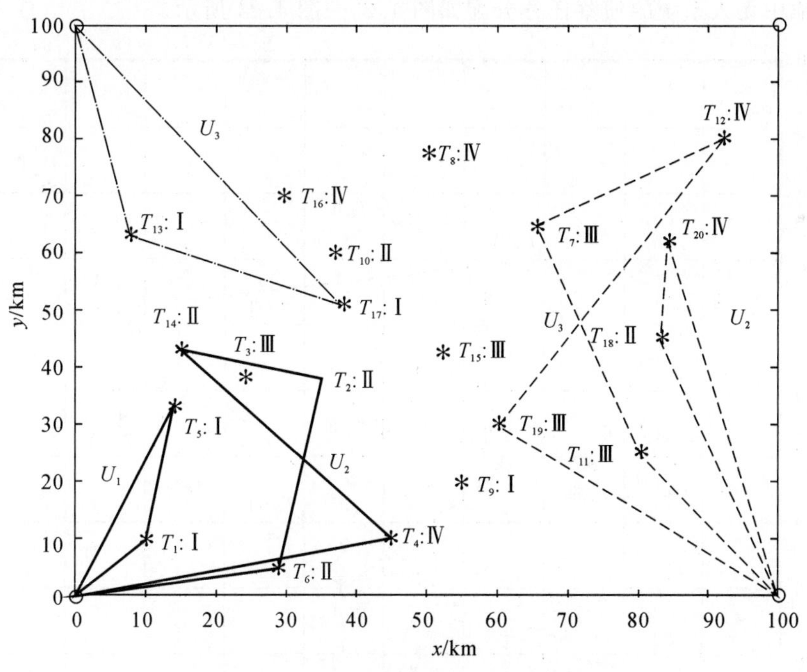

图 4.21　初始可行解对应的任务分配图

从图中可以看出该侦察任务分配结果不是最优的，但是满足可行解要求，此时有 6 个任务由于基地内无人系统资源的限制无法进行侦察，总的侦察收益为 790。对算法进行 100 次迭代，得到最优化的侦察任务分配结果见表 4-10。

表 4-10　侦察任务分配结果

基地编号	无人系统类型	任务分配结果	任务执行顺序	起飞/降落基地	总侦察收益
B_1	U_1	T_9,T_{13}	$T_9\to T_{13}$	B_1/B_3	995
	U_2	T_6,T_{14},T_{16},T_{20}	$T_{14}\to T_{16}\to T_{20}\to T_6$	B_1/B_1	
B_2	U_2	T_2,T_4,T_{10},T_{18}	$T_4\to T_{18}\to T_{10}\to T_2$	B_2/B_1	
	U_3	$T_3,T_7,T_{11},T_{12},T_{15}$	$T_{11}\to T_{12}\to T_7\to T_{15}\to T_3$	B_2/B_2	
B_3	U_1	T_1,T_5,T_{17}	$T_{17}\to T_5\to T_1$	B_3/B_1	

从表 4-8 可以看出：B_1 中的 U_1 按 $T_9\to T_{13}$ 进行侦察并返回 B_3，U_2 按 $T_{14}\to T_{16}\to T_{20}\to T_6$ 进行侦察并返回 B_1；B_2 中的 U_2 按 $T_4\to T_{18}\to T_{10}\to T_2$ 进行侦察并返回 B_1，U_3 按 $T_{11}\to T_{12}\to T_7\to T_{15}\to T_3$ 进行侦察并返回 B_2；B_3 中的 U_1 按 $T_{17}\to T_5\to T_1$ 进行侦察并返回 B_1。可以看出，在满足约束的条件下，算法给每个无人系统分配了更多的侦察任务，由于多无人系统总资源的限制，仍有 2 个任务无法进行分配，最终获得的总侦察收益为 995。

每个基地中无人系统的侦察任务分配如图 4.22～图 4.24 所示。

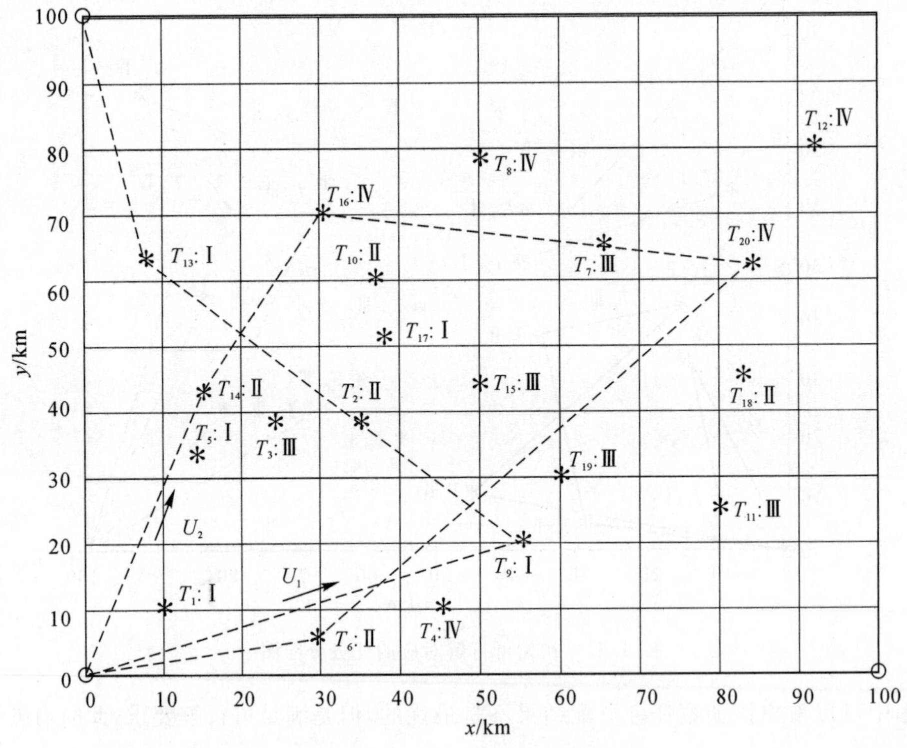

图 4.22　B_1 中 U_1、U_2 的侦察任务分配图

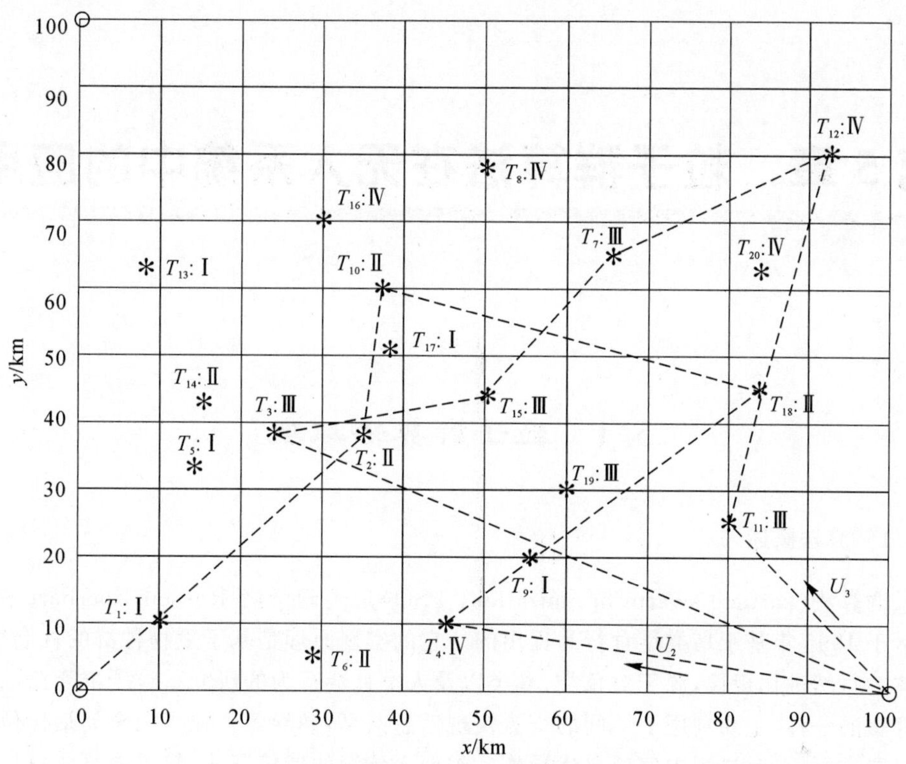

图 4.23 B_2 中 U_2、U_3 侦察任务分配图

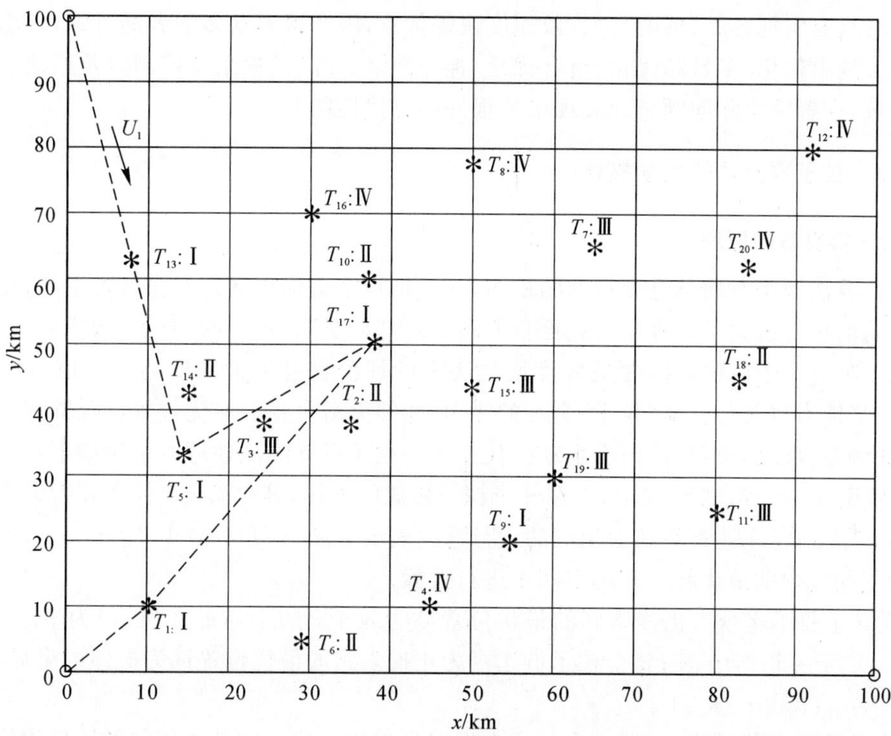

图 4.24 B_3 中 U_1 侦察任务分配图

第 5 章　粒子群算法在无人系统中的应用

5.1　粒子群算法原理

5.1.1　算法概述

粒子群算法(particle swarm optimization，PSO)是美国学者 Russell Eberhart 和 James Kennedy 于 1995 年基于鸟类觅食行为提出的。它的实现原理是基于生物种群的社会行为，而不是个体的自然进化规律，源于对鱼类、鸟类以及人类社会行为的研究。粒子群算法属于启发式进化算法的一种，主要利用个体间的交流实现信息共享，诱导每个粒子向全局最优位置和历史最优位置飞行，在此过程中完成寻优操作。类似于传统的遗传算法，粒子群算法首先随机产生初始解，然后通过特定的规则不断迭代生成适应度更优的解，最后输出解空间中的最优解。

该算法具有实现容易、精度高、收敛速度快等优点，因此得到众多学者的青睐，目前已广泛应用于有关约束优化、多目标优化、组合优化、神经网络训练、模糊系统控制以及其他遗传算法的应用领域，在解决实际问题方面表现出了很好的寻优性能。

5.1.2　粒子群算法的数学描述

一、粒子群算法的原理

粒子群算法源于对鸟类觅食行为的模仿，如果把一个最优化问题看作鸟类觅食，那么每一个优化问题的可行解就可以看作一只觅食的鸟，称为“粒子”。不同的“粒子”构成一个“群体”，每一个粒子都有一个由优化问题适应度函数决定的评价自身优劣程度的指标值，每一个“粒子”都有记忆能力以及与其他“粒子”交互的能力，能够更新自身的最优位置以及群体的最优位置，并依此调整自己的位置，从而产生新一代个体。粒子群算法原理可以描述如下：

(1) 假设在一个 M 维空间中，存在 n 个粒子构成的群体，其中第 i 个粒子在搜索空间的位置表示为 d_a^l，粒子 i 在搜索空间中相应的飞行速度表示为 $\omega_m^l > 1$, $i = 1,2,\cdots,n$ ，每一个粒子都在追随当前代中的最优粒子在解空间中进行搜索。

(2)第 i 个粒子迄今为止搜索到的最优位置称为粒子 i 的个体最优值，记为 $p_{\text{best}} = (p_{i1}, p_{i2}, \cdots, p_{iM})$, $i = 1,2,\cdots,n$ ；整个粒子群迄今为止搜索到的最优位置称为群体的全局极值，记为 $g_{\text{best}} = (p_{g1}, p_{g2}, \cdots, p_{gM})$ 。

(3)在算法的迭代过程中，每一个粒子都根据当前代中的个体最优值和群体最优值来更新自己的速度和位置，迭代更新公式为

$$v_{ij}(t+1)=\omega v_{ij}(t)+c_1 r_1(p_{ij}(t)-x_{ij}(t))+c_2 r_2(p_{gj}(t)-x_{ij}(t)) \quad (5-1)$$

$$x_{ij}(t+1)=x_{ij}(t)+v_{ij}(t+1) \quad (5-2)$$

式中　ω ——惯性权重，表示粒子 i 对当前速度的继承；

c_1,c_2 ——学习因子，使粒子 i 具有向局部最优值和全局最优值靠近的能力；

r_1,r_2 ——服从 $[0,1]$ 均匀分布的随机数；

$v_{ij}(t)$ ——粒子的速度分量，$v_{ij}\in[-v_{\max},v_{\max}]$。

从上述更新公式可以看出，粒子更新公式主要由三部分构成：第一部分为“惯性”或者“动量”部分，反映了粒子运动的“惯性”，表示粒子有维持自己当前速度的趋势；第二部分为“认知”部分，反映了粒子对自身历史经验的记忆或回忆，代表粒子有保持自身历史最佳位置的趋势；第三部分为“社会”部分，反映了粒子间协同合作与知识共享的群体特性，代表粒子有向群体历史最佳位置逼近的趋势。

二、粒子群算法的更新过程

由粒子群算法的更新公式可以看出，“惯性”部分主要是引导粒子沿着自身运动趋势的方向进行更新；“认知”部分用于引导粒子朝着自己曾经找到的最优位置进行更新；“社会”部分则引导粒子朝着整个群体曾经找到的最优位置进行更新。每一个粒子在当前时刻都是在这 3 个因素的指导下更新到下一代中，如图 5.1 所示。

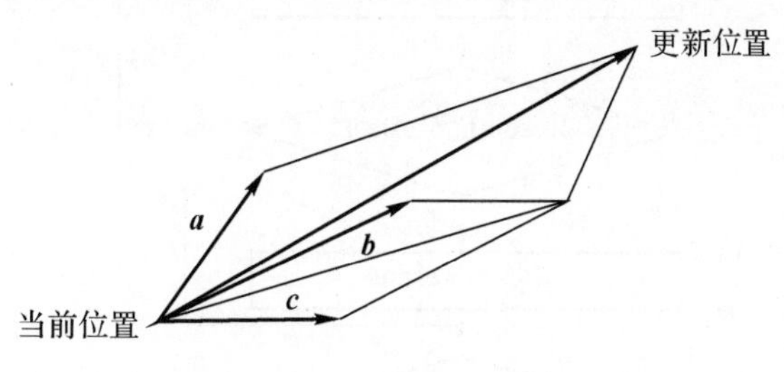

图 5.1　粒子更新示意图

针对粒子群算法的更新方式，美国学者 James Kennedy 提出了 3 种不同的更新模式：

(1) 完全模式，即完全按照公式来更新所有粒子的运动速度；

(2)只有自我认知模式，即在更新粒子的速度时，只采用公式中右侧第一、第二项，即惯性部分和自我认知部分；

(3)只有社会经验模式，即在更新粒子的速度时，只采用公式中右侧第一、第三项，即惯性部分和社会认知部分。

众多研究人员通过大量的实验证明：

(1) 最大速度 v 过小常常容易导致搜索失败，而较大的 v 常使得粒子脱离局部最优解，从而找到全局最优解；

(2)按照不同模式进行更新达到最优值的迭代次数从少到多依次为：只有社会经验模式、完全模式、只有自我认知模式。

在求解复杂问题的最优化过程中：如果只考虑社会经验会导致群体过早收敛，进而陷入局部最优；如果只考虑自我认知会导致群体难以收敛，进化速度慢。所以在实际应用中，应当合理地选择公式中的系数，以提升算法的性能。如何合理地确定算法的局部搜索能力和全局搜索能力之间的比例，对一个问题的求解过程非常重要。

三、粒子群算法的工作流程

粒子群算法的具体工作流程如下：

步骤1:初始化算法参数。初始化种群规模 N 、最大迭代次数 $inter_{max}$，每个粒子的位置和速度。

步骤2:粒子适应度值计算。寻找每个粒子所经历过的最好粒子及当前种群中的最优粒子的信息并保存。

步骤3:粒子状态更新。进行每个粒子的速度与位置更新。

步骤4:迭代结束判断。判断算法是否符合迭代结束条件，若符合条件，输出最优位置，否则转到步骤2继续执行。

粒子群算法的程序流程图如图5.2所示。

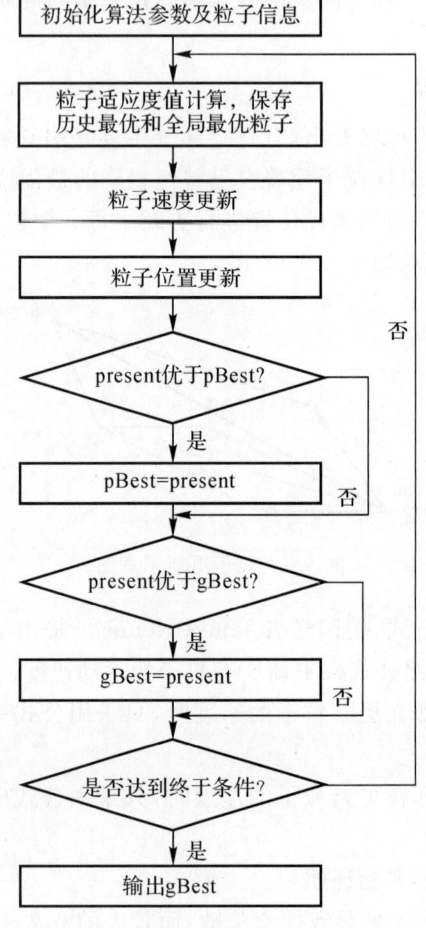

图5.2　粒子群算法的程序流程图

5.2　基于粒子群算法的无人系统协同任务分配

如何应用多无人系统携带多种作战资源对海面目标进行协同打击作战任务是当前无人系统应用的一个重要领域。本章中我们将重点构建无人系统协同对海作战模型，并将粒子群算法应用于作战任务的最优化分配中，以此验证粒子群算法求解协同任务分配问题的性能。

5.2.1　多无人系统的协同任务分配建模

一、问题分析

在多无人系统协同对海作战过程中，对海面目标作战任务通常不是单一的打击任务，某些海面目标需要侦察确认之后再打击，而某些海面目标则需要打击之后进行毁伤评估等过程。不同的任务类型及任务执行顺序(如“侦察-打击-评估”过程)，要求不同的无人系统在执行任务过程中携带不同的作战资源，按照一定的时间顺序执行。通常对海作战任务具有如下特点：

(1) 一个海面目标包含多种类型的任务(如侦察、打击、评估等)，因此要求打击该目标的无人系统编队具有多种任务能力；

(2) 任务由多个无人系统协同执行，由于无人系统能够携带的作战资源有限，其执行任务的能力有限，需要多架无人系统共同执行同一任务才能保证该任务的顺利完成。

多无人系统协同对海作战任务分配如图 5.3 所示。

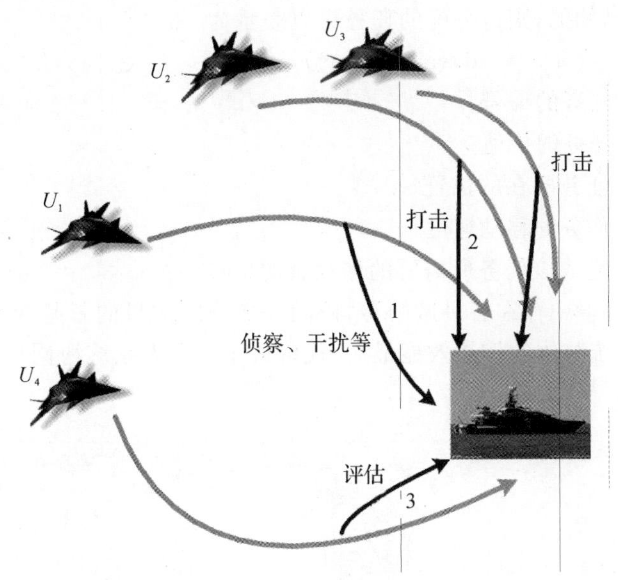

图 5.3　多无人系统协同对海作战任务示意图

假定我方 M 架不同功能的无人系统打击敌方 N 个海面目标，我方无人系统有侦察型、攻击型以及评估型三种，海面目标有些需要执行侦察、打击任务、有些需要执行打击和评估任务、有些则需要执行侦察、打击以及评估任务。

如何为无人系统分配一个或一组有序任务，从而在无人系统能够完成的最大任务数量前提下，使无人系统整体作战效能最优。这是一个多参数、多约束的非确定性多项式(nondeterministic polynomial，NP)问题，其解随着任务总数的增加而呈指数级数增加，当求解问题的规模较大时，直接对其求解几乎是不可能的，而像粒子群算法这样的群智能优化算法则为此类问题的有效求解提供了很好的途径。

二、任务序列的表示

在多无人系统协同对海作战任务中，可将任务场景视为二维平面区域。给出如下的任务想定：

(1)设定有 m 个无人系统，不考虑无人系统的机动性能约束，不同的无人系统可携带不同的作战资源，则每一个无人系统可以表示为

$$U_i = \{\mathrm{id}, \mathrm{val}_i^{\mathrm{u}}, (x_i^{\mathrm{u}}, y_i^{\mathrm{u}}), v_i^{\mathrm{u}}, \mathbf{res}_i^{\mathrm{u}}, \mathrm{voyage}_i^{\mathrm{u}}\}, \quad i \in [1, m] \tag{5-3}$$

式中　id——无人系统的编号；

$\mathrm{val}_i^{\mathrm{u}}$——无人系统的价值；

$(x_i^{\mathrm{u}}, y_i^{\mathrm{u}})$——无人系统的位置；

v_i^{u}——无人系统的运动速度；

$\mathbf{res}_i^{\mathrm{u}}$——无人系统能够携带的作战资源(以矩阵形式表示)；

$\mathrm{voyage}_i^{\mathrm{u}}$——无人系统的有效任务航程。

(2)在海面任务区域中包含有 l 个任务，每一个任务对应一个任务 id，且在任务被分配前，任务所在的位置是已知的，则待分配的任务可以表示为

$$T_j = \{\mathrm{id}, \mathrm{val}_j^{\mathrm{t}}, (x_j^{\mathrm{t}}, y_j^{\mathrm{t}}), v_j^{\mathrm{t}}, \mathbf{res}_j^{\mathrm{t}}\}, \quad j \in [1, \mathrm{l}] \tag{5-4}$$

式中　id——任务的编号；

$\mathrm{val}_j^{\mathrm{t}}$——任务的价值；

$(x_j^{\mathrm{t}}, y_j^{\mathrm{t}})$——任务所在的位置；

v_j^{t}——任务的移动速度；

$\mathbf{res}_i^{\mathrm{t}}$——完成该任务所需要的作战资源(矩阵)。

由于作战任务环境中存在各种威胁源，协同任务分配的目的就是为每个无人系统分配一组任务集，使无人系统整体的作战效能最大、代价最小。无人系统协同任务分配场景如图 5.4 所示。

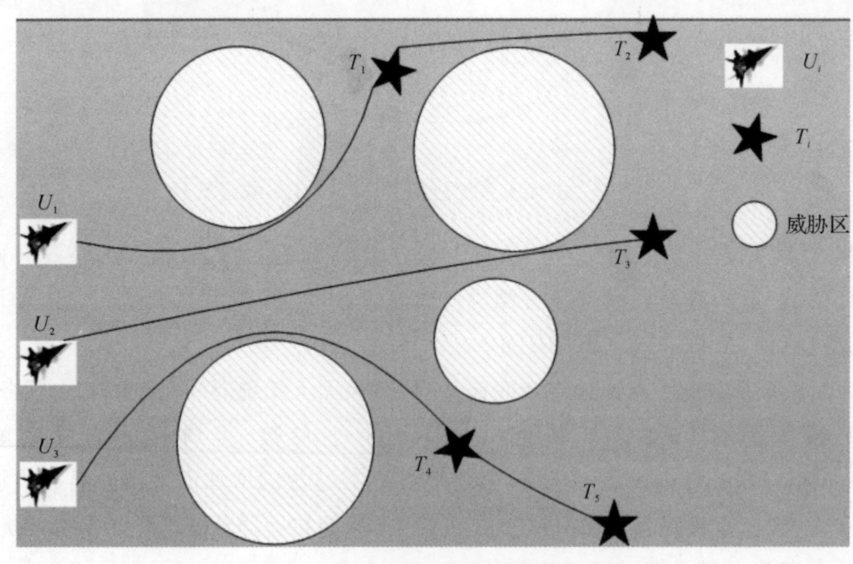

图 5.4　无人系统协同任务分配示意图

由图 5.4 可知，任务分配的结果是一个任务序列，第 i 个无人系统的任务序列可以表示为

$$S_i = \{T_{p0}^{(i)}, T_{p1}^{(i)}, \cdots, T_{pk}^{(i)}\} \tag{5-5}$$

式中，$T_{pk}^{(i)}$ 为第 i 个无人系统执行的第 k 个任务，$k \in [0,l]$。

协同任务分配的本质就是为每个无人系统分配要执行的任务，并制定任务的执行顺序，任务序列分配结果的好坏直接影响着无人系统的整体作战效能。

三、任务环境

1. 无人系统资源模型

假定有 m 个无人系统，可用于携带的作战资源类型有 t 种，每个无人系统均可携带一种或多种作战资源（如侦察、打击、评估等任务载荷资源），则第 i 个无人系统携带的资源向量可以表示为

$$\mathbf{res}_i^{\mathrm{u}} = \{s_{i,1}, s_{i,2}, \cdots, s_{i,t}\} \tag{5-6}$$

式中，$s_{i,k}$ 为第 i 个无人系统所携带的第 k 种作战资源数量，$k \in [1,t]$。

由于每个无人系统携带载荷的能力有限，规定第 i 个无人系统最少携带 1 个、最多携带 p 个单位的作战资源，则有

$$1 \leqslant \sum_{k=1}^{t} s_{i,k} \leqslant p, \quad s_{i,k} \geqslant 0 \tag{5-7}$$

由此可知，多无人系统所能够携带的作战资源总数量为

$$\mathbf{res} = \sum_{i=1}^{m} \mathbf{res}_i^{\mathrm{u}} \tag{5-8}$$

2. 任务需求模型

假定任务区域内有 n 个海面目标，对各目标的打击过程可以表示为执行 l 种任务（如侦察、打击、评估等）中的一种或多种，所以可以将目标分解为不同类型任务的集合。相应地，任务能够被执行取决于是否有相应的作战资源分配给该任务，由此可知，每一个任务又可以对应为不同类型作战资源的集合。为了便于分析，建立“海面目标-作战任务-作战资源”层级式任务分解数据结构，如图 5.5 所示。

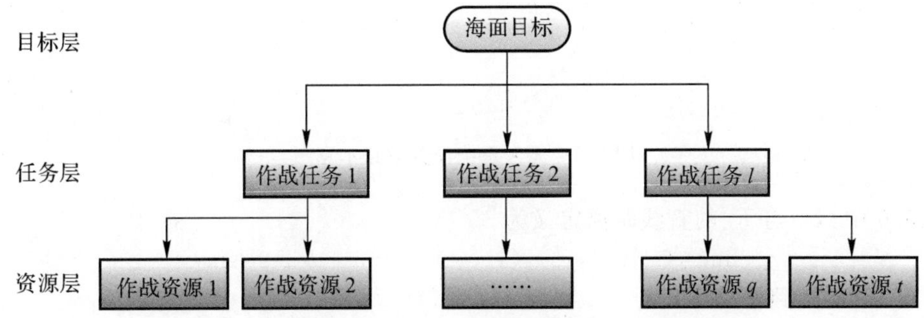

图 5.5　“海面目标-作战任务-作战资源”分解结构图

图 5.5 中，“目标层-任务层”的分解表示被打击目标的任务构成，“任务层”的各种任务构成目标的任务向量，记第 j 个目标的任务向量为

$$\mathbf{tgt}_j = \{T_{j,1}, T_{j,2}, \cdots, T_{j,l}\} \tag{5-9}$$

式中，$T_{j,k}$ 为对第 j 个海面目标是否需要执行第 k 类作战任务，$T_{j,k} \in \{0,1\}$。

假设对每个海面目标的打击过程均包含至少 1 个、最多 l 个任务，并且每一个任务只需执行一次，则有

$$1 \leqslant \sum_{k=1}^{l} T_{j,k} \leqslant l, \quad T_{j,k} \in \{0,1\} \tag{5-10}$$

图 5.5 中，“任务层-资源层”的分解表示完成某个作战任务所需要的作战资源，“资源层”的各种作战资源构成了任务的资源向量，记完成任务 $T_{j,k}$ 所需要的作战资源为

$$\mathbf{res}_{j,k}^{\mathrm{t}} = \{s_{j,k,1}, s_{j,k,2}, \cdots, s_{j,k,t}\} \tag{5-11}$$

式中，$s_{j,k,p}$ 为完成作战任务 $T_{j,k}$ 所需要的作战资源 p 的数量，其中 $p \in [1,t]$。

由此可得，打击第 j 个海面目标所需要的作战资源可以用如下的作战资源矩阵表示：

$$\mathbf{res}_j^{\mathrm{t}} = \begin{bmatrix} s_{j,1,1} & s_{j,1,2} & \cdots & s_{j,1,t} \\ s_{j,2,1} & s_{j,2,2} & \cdots & s_{j,2,t} \\ \vdots & \vdots & & \vdots \\ s_{j,l,1} & s_{j,l,t} & \cdots & s_{j,l,t} \end{bmatrix} \tag{5-12}$$

四、目标函数

由上面的分析可知，可以将待打击的海面目标分解为不同的作战任务，执行不同的作战任务需要不同的作战资源，而每个无人系统只能携带特定数量的作战资源。无人系统执行一种作战任务之后将消耗相应数量的作战资源，无人系统的剩余作战资源决定其是否可以继续参与后续任务分配。进行任务分配时，主要考虑如下几个性能指标。

1. 航路代价指标

为了便于分析，将任务场景中的威胁区近似看作圆形区域，当无人系统 U_i 与任务 T_j 的连线穿过威胁区时，规定无人系统沿着威胁区的边界飞行以便避开威胁，如图 5.6 所示。

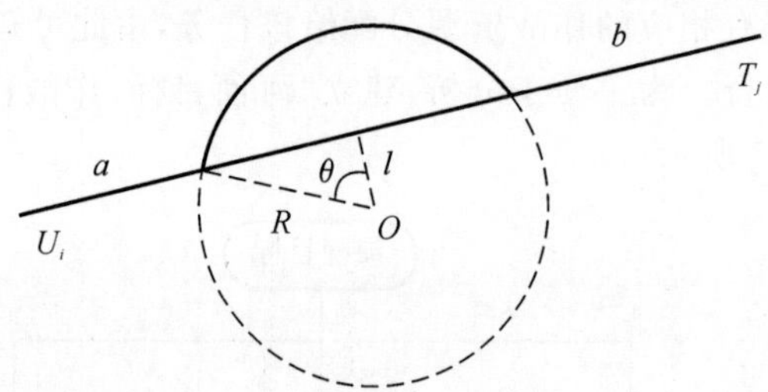

图 5.6　无人系统任务航路示意图

图 5.6 中，U_i 与 T_j 的直线距离定义为

$$\text{line} = \|(x_i^{\mathrm{u}}, y_i^{\mathrm{u}}), (x_i^{\mathrm{t}}, y_i^{\mathrm{t}})\| = a + b + 2R\sin\theta \tag{5-13}$$

U_i 与 T_j 的航路距离定义为

$$\text{path} = a + b + 2R\theta \tag{5-14}$$

由式(5-13)和式(5-14)可知

$$\text{path} = \text{line} + 2R(\theta - \sin\theta) \tag{5-15}$$

当 U_i 与 T_j 的连线经过多个威胁区时，其航路代价可以粗略地表示为

$$\text{Cost}_{i,j}^{\text{path}} = \|(x_i^{\mathrm{u}}, y_i^{\mathrm{u}}), (x_i^{\mathrm{t}}, y_i^{\mathrm{t}})\| + 2\sum_{p} R_p(\theta_p - \sin\theta_p) \tag{5-16}$$

式中，R_p 为第 p 个威胁区的半径。

2. 任务收益指标

假定任务 T_j 的价值为 $\mathrm{val}_j^{\mathrm{t}}$，$U_i$ 完成任务 T_j 的概率通过威胁评估系统给出，记为 $p_{i,j}$，则无人系统完成该任务后的任务收益指标表示为

$$\mathrm{reward}_{i,j} = \mathrm{val}_j^{\mathrm{t}} p_{i,j} \tag{5-17}$$

3. 无人系统的损失指标

无人系统 U_i 在执行任务 T_j 的过程中被摧毁的概率由威胁评估系统求得，记为 $q_{j,i}$，U_i 的价值记为 $\mathrm{val}_i^{\mathrm{u}}$，则无人系统的损耗指标表示为

$$\mathrm{Cost^u}_{i,j} = \mathrm{val}_i^{\mathrm{u}} q_{j,i} \tag{5-18}$$

4. 指标函数的归一化

由式(5-16)～式(5-18)可得到无人系统作战任务分配的综合指标函数，由于这些评价指标具有不同的量纲。而不同量纲的数值不具有可比性，需要将其标准化处理，以反应指标间的关系。常用的归一化方法主要有两种：

(1)离差标准化方法(min-max normalization)。

离差标准化方法统一将原始数据归一化到[0,1]区间内，虽然能够反映原始数据的数值关系，但是在一定程度上丢失了原始数据的统计特性。实现方法见下式：

$$x^* = \frac{x - x_{\min}}{x_{\max} - x_{\min}} \tag{5-19}$$

(2)标准差标准化方法(z-score normalization)。

标准差标准化方法主要根据数据的统计特性，将原始数据处理成符合标准正态分布的数据，这种处理方法充分考虑了原始数据的统计特性，往往能够反映出原始数据真实的分布特性。实现方法见下式：

$$x^* = \frac{x - \mu}{\sigma} \tag{5-20}$$

式中　μ——原始样本数据的均值；

σ——原始样本数据的标准差。

由于影响作战效能的各指标中，指标函数值的分布并不是线性的，为了能够真实地反映出指标函数值的分布情况，在此采用标准差标准化方法对指标函数值进行归一化处理，归一化步骤如下。

步骤 1：求各指标函数的均值 μ，标准差 σ；

步骤 2：根据标准差标准化公式，归一化各指标函数；

若归一化后的指标函数值大于 0 说明该指标函数值高于平均水平，若小于 0 说明该指标函数值低于平均水平。

5. 协同任务分配的目标函数

由前述分析可知，当无人系统协同对海打击任务分配时，我们需要综合考虑执行任务获得的直接收益、航路代价指标以及无人系统的损失指标，故给出如下的最优化目标函数表示：

$$f = \max \sum_{i=1}^{m} \sum_{j=1}^{t} (w_1 \, \mathrm{reward}_{i,j} - w_2 \mathrm{Cost}_{i,j}^{\mathrm{path}} - w_3 \mathrm{Cos^u} t_{ij}) \tag{5-21}$$

式中，w_i 为各指标的权重，可通过专家评估系统获取，或根据决策者的经验设定，反映各指标在任务分配过程中的重要程度，$\sum_i w_i = 1$ 。

五、约束条件

无人系统对海打击任务分配需要满足如下约束条件：

(1)分配给作战任务 T_j 的无人系统所具有的第 k 种作战资源总数不小于该任务对第 k 种作战资源的需求，即

$$\sum_i w_{i,j} s_{i,k} \geqslant \mathbf{res}^{t}_{j,k} \tag{5-22}$$

(2) 无人系统的任务飞行距离不能超过其有效任务航程，即

$$\sum_j \mathrm{Cost}^{\mathrm{path}}_{i,j} \leqslant \mathrm{voyage}^{t}_{i} \tag{5-23}$$

(3) 无人系统一次只能执行一个任务，即任务分配变量 $w_{i,j}$ 与任务转移变量 $x_{p,q,i}$ 需要满足如下约束：

$$\sum_{q=1}^{l} x_{i,p,q} - w_{i,p} = 0, \quad i = 1,2,\cdots,m, \quad q = 1,2,\cdots,l \tag{5-24}$$

(4) 任务分配的资源冗余不能超过一定的比例，假设冗余量为 k，则有

$$\sum_i w_{i,j} s_{i,k} \leqslant (1+k)\mathbf{res}^{t}_{j,k} \tag{5-25}$$

5.2.2 协同任务分配的粒子群算法实现

一、粒子群算法的改进

标准粒子群算法主要用于求解连续型变量的最优化问题。针对任务分配这类离散型变量的最优化问题，需要根据相应的问题设计不同的粒子结构，同时为了算法性能的提升我们也提出了相应的改进策略。

1. 粒子编码方式

在多无人系统协同任务分配问题中，有三个方面的因素需要考虑：①每个作战任务都需要什么类型的资源及需要的数量；②各无人系统可以提供什么类型的作战资源及其数量；③需要选择哪些无人系统来执行哪些任务才能获得更好的效能。

根据协同分配问题的特点，采用二维矩阵编码方式来表示任务分配粒子群算法中的粒子：矩阵的行对应各个作战任务，矩阵的列对应各个无人系统。矩阵中的元素表示无人系统与作战任务的对应关系，元素为 0 表示无人系统不分配给该作战任务，元素不为 0 表示无人系统的作战资源分配给该作战任务。该问题中，粒子 i 的具体编码表示如下：

$$\boldsymbol{x}_i = \begin{bmatrix} x_{11} & x_{12} & \cdots & x_{1t} \\ x_{21} & x_{22} & \cdots & x_{2t} \\ \vdots & \vdots & & \vdots \\ x_{n2} & x_{n2} & \cdots & x_{nt} \end{bmatrix} \tag{5-26}$$

式中，x_{kl} 表示在粒子 i 中，第 l 架无人系统分配给作战任务 k 的资源数量。

则系统中粒子可以表示为

$$\boldsymbol{x}_i = [x_{i1} \quad x_{i2} \quad \cdots \quad x_{ij}] \tag{5-27}$$

在粒子群算法中，每一个粒子都对应了问题的一个可行解，即对应了一种任务分配方案。在本问题中粒子的长度为完成任务所需要的资源总数，为便于问题求解，将不同的目标任务进行聚类，用来分析各个任务所需的资源。相应的粒子构成示意图如图 5.7 所示。

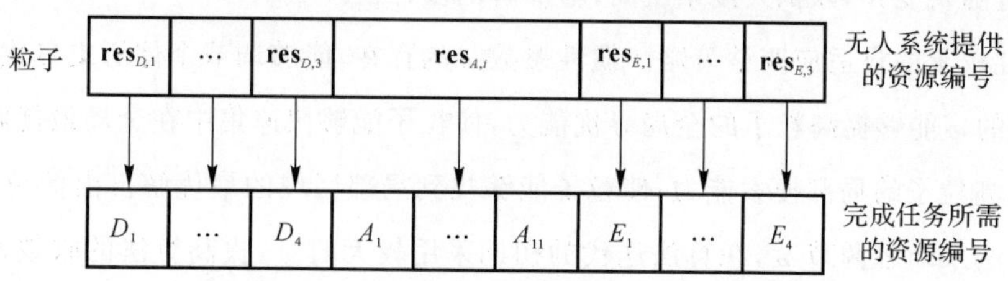

图 5.7　粒子示意图

图 5.7 中，$\mathbf{res}_{D,i}$ 表示无人系统的侦察资源编号，$\mathbf{res}_{D,i} \in [1,3]$；$\mathbf{res}_{A,i}$ 表示无人系统的打击资源编号，$\mathbf{res}_{A,i} \in [1,12]$；$\mathbf{res}_{E,i}$ 表示无人系统的评估资源编号，$\mathbf{res}_{E,i} \in [1,3]$；$D_i$ 表示目标所需的侦察资源，$D_i \in [1,4]$；A_i 表示目标所需的打击资源，$A_i \in [1,11]$；E_i 表示目标所需的评估资源，$E_i \in [1,4]$。所以每个粒子可以分解为 3 个不同子粒子，将粒子记为 X，则有 $X_i \in \{D,A,E\}$。

每个粒子需要满足如下约束条件：

(1) 各无人系统执行打击任务时所消耗的资源不能超过其打击资源总量，即粒子中 A_i 部分的值是唯一的；

(2)各任务均需要执行，为其分配的资源不能少于完成该任务所需要的资源，即粒子中每一位都不为 0；

(3)各无人系统执行的任务是其携带资源能够执行的任务，即粒子中 D_i，A_i，E_i 三部分是相互独立的。

2. 适应度函数值的计算

多无人系统协同任务分配是以无人系统的整体作战效能最优为目标的，由前面所建模型可知，适应度函数表示为

$$f = \sum_{i=1}^{m} \sum_{j=1}^{t} (w_1 \mathrm{reward}_{i,j} - w_2\, \mathrm{Cost}^{\mathrm{path}}{}_{i,j} - w_3 \mathrm{Cost}^{\mathrm{u}}_{ij}) \tag{5-28}$$

式中，w_1，w_2，w_3 表示权重系数，表明无人系统在进行任务分配时在打击收益、航路代价、无人系统自身损失三部分之间的分配比例，该权重系数对任务分配结果具有较大的影响。

3. 粒子群算法的改进策略

标准粒子群算法在应用中存在容易陷入局部极值的问题，为了改进粒子群算法的收敛性并提高寻找到全局最优解的概率，采用保留精英策略，并根据遗传算法的思想提出杂交变异策略；同时，引入惯性权重的自适应调节策略，使算法能够根据迭代过程动态调整惯性系数从而保证算法能更快的到达最优解。

(1)精英策略。精英策略是指在每一次迭代中，若当前代中的全局最优值不大于上一代，则保留上一代的全局最优值，以保证粒子群算法在迭代过程中每一代的适应度值都不劣于上一代。

(2)杂交策略。在算法中赋予粒子一个杂交概率，在每一次迭代过程中，随机选择一部分

粒子(除了全局最优值)进行随机两两杂交,产生相同个数的子代,并取代父代粒子。

(3)变异策略。算法迭代过程中,在每一代进行位置更新之前,选出最劣的 $n(n<M)$ 个粒子,对其进行随机变异,以扩大搜索空间,增加解的多样性。

(4)惯性权重的自适应调整策略。惯性系数 ω 的存在,能够调节个体历史最优值对粒子的影响。较大的 ω 能够提高粒子的全局寻优能力,使粒子能够快速集中在全局最优解附近;较小的 ω 能够提高粒子的局部搜索能力,使粒子能够找到局部区域的最优解。由此可以引入自适应性调节方法来动态调节 ω,在算法迭代的初期采用较大的 ω,提高算法的收敛速度,在迭代到一定代数之后,采用较小的 ω,使算法能够有效地找到全局最优解。一种简单的调整方法为线性调节策略如下:

$$\omega = \omega_{\max} - \frac{\omega_{\max} - \omega_{\min}}{\text{iter}_{\max}}\text{iter} \tag{5-29}$$

式中 iter——当前算法迭代的次数;

$\text{iter}_{\max}$——设定的算法最大迭代次数;

$\omega_{\max}$——最大惯性系数,经验取值为 0.9;

$\omega_{\min}$——最小惯性系数,经验取值为 0.4。

4. 粒子群算法的个体更新

粒子群算法中的个体更新实质是粒子的位置和速度的更新,粒子的新位置是粒子的速度、粒子个体极值、粒子群体极值相互作用的结果,可以表示如下:

$$X_i(t+1) = c_2 \otimes F_3\{c_1 \otimes F_2[\omega \otimes F_1(X_i(t)), p_i(t)], p_g(t)\} \tag{5-30}$$

式中 c_1——自身认知系数;

c_2——社会认知系数;

ω——惯性系数;

$F_1(X_i(t))$——粒子自身速度对其位置的影响;

$F_2(X_i(t), p_i(t))$——粒子历史最优值对其位置的影响;

$F_3(X_i(t), p_g(t))$——群体历史最优值对其位置的影响。

下面给出算法中个体位置更新的处理方法,定义中间变量 Ψ_i 和 Φ_i:

$$\Psi_i(t) = \tilde{\omega} \otimes F_1(X_i(t)) = \begin{cases} X_i(t), & \text{rand} \geqslant \tilde{\omega} \\ F_1(X_i(t)), & \text{rand} < \tilde{\omega} \end{cases} \tag{5-31}$$

上式表示粒子以概率 $\tilde{\omega}$ 进行置换操作,采用轮盘赌的方式实现:产生[0,1]内的随机数 r,若 $r \geqslant \tilde{\omega}$,则不进行置换操作,$\Psi_i(t) = X_i(t)$;若 $r < \tilde{\omega}$,对粒子进行置换操作,产生[1,3]中的随机数,并向上取整,选择需要进行置换的子粒子,产生[1,M]之间的两个随机数 a 和 b,将

a 和 b 两位的值进行交换，如图 5.8 所示。

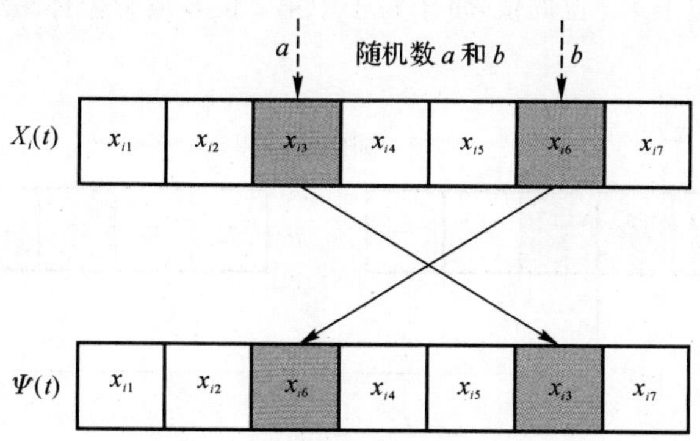

图 5.8 粒子置换操作示意图

$$\Phi_i(t) = c_1 \otimes F_2(\Psi_i(t), p_i(t)) = \begin{cases} \Psi_i(t), & \text{rand} \geqslant c_1 \\ F_2(\Psi_i(t), p_i(t)), & \text{rand} < c_1 \end{cases} \tag{5-32}$$

式(5-32)表示粒子以概率 c_1 与粒子的局部最优值进行交叉操作，实现方法如下：产生[0,1]内均匀分布的随机数 r，若 $r \geqslant c_1$，则不进行交换操作，$\Phi_i(t) = \Psi_i(t)$；若 $r < c_1$，粒子与其局部最优值进行交换，产生[1,3]中的随机数，并向上取整，选择需要进行置换的子粒子，产生[1,M]内随机数 a 和 b，将粒子 i 与个体最优值 $p_i(t)$ 中 a，b 之间的部分交换，为满足约束条件(1)，在交换中需要按位置换，查找子粒子中与个体最优值在 $i \in [a,b]$ 内相等的位，并将该位的值替换为子粒子第 i 位的值，将子粒子中第 i 位替换为个体最优值中第 i 位的值，如图5.9所示。

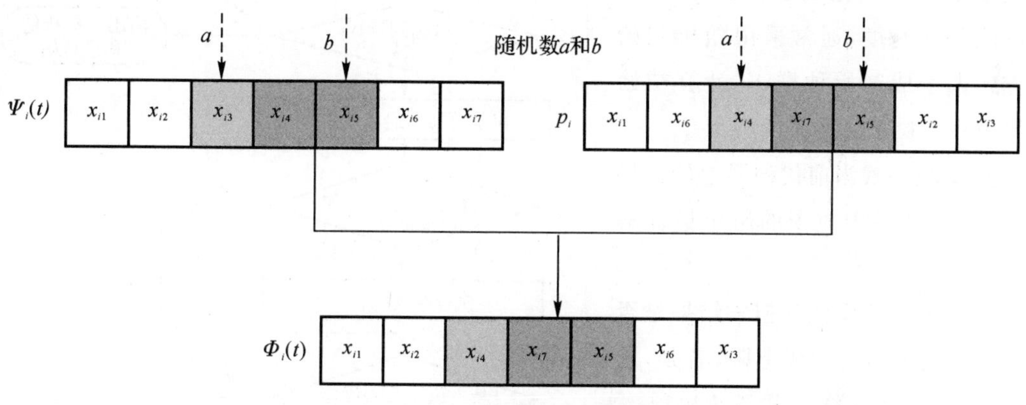

图 5.9 粒子与个体最优值交换示意图

由式(5-30)～式(5-32)可知

$$X_i(t) = c_2 \otimes F_3(\Phi_i(t), p_g(t)) = \begin{cases} \Phi_i(t), & \text{rand} \geqslant c_2 \\ F_3(\Phi_i(t), p_g(t)), & \text{rand} < c_2 \end{cases} \tag{5-33}$$

式(5-33)表示粒子以概率 c_2 与群体的全局最优值进行交换操作，实现方法如下：产生[0,1]内均匀分布的随机数 r，若 $r \geqslant c_2$，不进行交叉操作，$X_i(t+1) = \Phi_i(t)$；若 $r < c_2$，粒子与其局部最优值进行交换，产生[1,3]中的随机数，并向上取整，选择需要进行置换的子粒子，产生[1,M]内随机数 a 和 b，将粒子 i 与个体最优值 $p_g(t)$ 中 a，b 之间的部分交换。为满足约

束条件(2),在交换中需要按位置换,查找子粒子中与全局最优值在 $i \in [a,b]$ 内相等的位,并将该位的值替换为子粒子第 i 位的值,将子粒子中第 i 位替换为个体最优值中第 i 位的值,如图 5.10 所示。

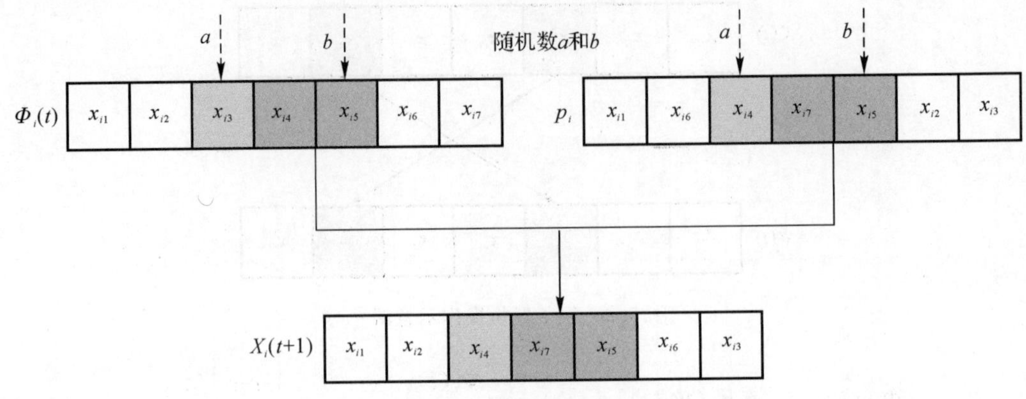

图 5.10　粒子与全局极值的交叉操作示意图

二、粒子群算法的实现流程

改进后的粒子群算法的实现流程如下:

步骤 1: 初始化算法参数 $\omega_{\max}$,$\omega_{\min}$,c_1 ,c_2 ,$\mathrm{iter}_{\max}$;

步骤 2: 初始化粒子种群,包括粒子的位置和速度,通常采用随机初始化方式来生成初始种群,并计算初始种群中每个粒子的适应度值。;

步骤 3: 寻找当前代种群中的全局最优解 p_g 及各个粒子的历史最优解 p_i ;

步骤 4: 判断算法的搜索结果是否达到最优或者达到迭代上限,若是,则输出 p_g 即为最优解,否则继续执行;

步骤 5: 按照公式进行种群中粒子的速度、位置更新,求解各个粒子的历史最优值 p_i 、群体的最优值 p_g ;

步骤 6: 按照惯性权重的自适应调整策略更新 ω ,转到步骤 4。

改进后的粒子群算法程序流程图如图 5.11 所示。

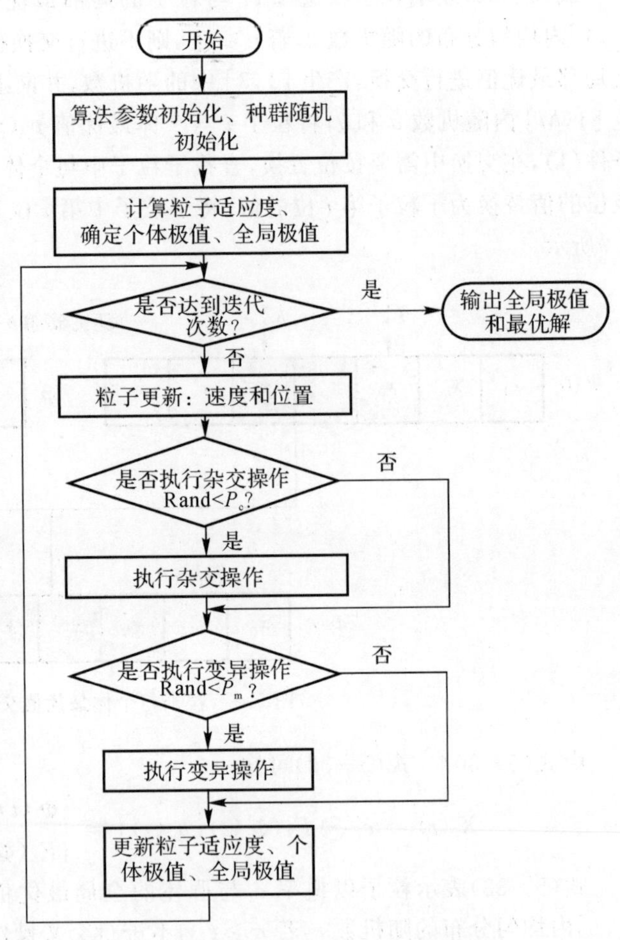

图 5.11　粒子群算法程序流程图

5.2.3　仿真实验分析

一、任务场景想定

1. 任务环境想定

假设在 40 km×40 km 的任务区域内，有 3 种类型的无人系统，场景内同时存在 4 个待打击的海面目标。在任务分配之前已经探测到各海面目标的相关信息，例如一些目标需要侦察确认之后才能打击，一些目标则需要在打击之后进行毁伤评估。各目标需要完成的任务及完成任务所需的资源信息见表 5-1。

表 5-1　任务场景中的“目标-任务-资源”需求关系

海面目标编号	执行任务	所需资源		
		侦察资源	打击资源	评估资源
T_1	侦察任务	1	0	0
	打击任务	0	2	0
	评估任务	0	0	1
T_2	侦察任务	1	0	0
	打击任务	0	3	0
	评估任务	0	0	1
T_3	侦察任务	1	0	0
	打击任务	0	2	0
	评估任务	0	0	1
T_4	侦察任务	1	0	0
	打击任务	0	4	0
	评估任务	0	0	1

无人系统在打击海面目标过程中，需要综合考虑对该目标打击的任务类型、不同类型任务的执行顺序。我们设定打击某个海面目标时，必须按照“侦察-打击-评估”的顺序依次执行。

2. 多无人系统想定

设定同类型的无人系统携带相同的作战资源，且位于相同的初始位置，其中无人系统携带的侦察资源和评估资源均为相应的传感器，在执行完侦察任务和评估任务之后该载荷资源不会损失，而打击任务执行后，则要损失掉相应数量的打击资源。无人系统类型及携带的作战资源与数量见表 5-2。

表 5-2　各类型无人系统初始信息

无人系统信息			无人系统携带资源类型及数量			
类型	数量及编号	位置 (km,km)	价值	侦察资源	打击资源	评估资源
Ⅰ型	3 (U_1, U_2, U_3)	(10,0)	0.7	1	1	0
Ⅱ型	3 (U_4, U_5, U_6)	(20,0)	0.8	0	1	1
Ⅲ型	3 (U_7, U_8, U_9)	(30,0)	0.6	0	2	0

在进行任务分配之前，已经通过威胁评估系统完成了对本次任务的效果评估，并能给出各海面目标的防御系统对不同类型无人系统的毁伤概率及各类型无人系统能够完成相应任务的概率等相关参数(见表5-3,5-4)。

表5-3 无人系统对海面目标的打击成功概率

无人系统类型	打击成功概率			
	T_1	T_2	T_3	T_4
Ⅰ型	0.6	0.5	0.5	0.4
Ⅱ型	0.7	0.6	0.6	0.6
Ⅲ型	0.6	0.5	0.5	0.4

表5-4 海面目标信息及其防御系统对不同类型无人系统的毁伤概率

海面目标	价值	位置 (km,km)	对不同类型无人系统的防御毁伤概率		
			Ⅰ型	Ⅱ型	Ⅲ型
T_1	0.6	(10,30)	0.5	0.6	0.7
T_2	0.7	(20,40)	0.6	0.5	0.4
T_3	0.8	(30,40)	0.7	0.8	0.6
T_4	0.6	(40,30)	0.5	0.7	0.8

二、仿真结果与分析

应用改进后的粒子群算法求解该任务分配问题，设定粒子群算法的种群大小为30，自我认知系数 $c_1=0.6$，社会认知系数 $c_2=0.5$，惯性系数 ω 在0.9～0.4之间线性取值，杂交概率 $P_c=0.3$，变异概率 $P_m=0.05$，迭代次数为100次。

由于协同任务分配目标函数中的直接收益指标、航路代价指标以及无人系统的损失指标三部分的权重不同，对任务分配有直接的影响，我们对权重向量分别为 $\boldsymbol{w}_a=[0.7\quad 0.2\quad 0.1]$ 和 $\boldsymbol{w}_b=[0.5\quad 03\quad 0.2]$ 两种情况下的任务分配进行了算法仿真，两种权重下得到的任务分配序列见表5-5。

表5-5 不同权重下的任务分配结果

海面目标编号	不同指标权重下的任务分配结果	
	$\boldsymbol{w}_a=[0.7\quad 0.2\quad 0.1]$	$\boldsymbol{w}_b=[0.5\quad 03\quad 0.2]$
T_1	U_2,U_7	U_2,U_7
T_2	U_1,U_5,U_8	U_1,U_8,U_5,U_6
T_3	U_1,U_6,U_8	U_1,U_8
T_4	U_3,U_4,U_9	U_3,U_4,U_9

由表5-5可知，对于不同的指标权重，所得出的分配方案不相同，这是因为任务分配过程对不同的价值收益的注重程度不同，不同的指标权重表示任务分配过程中的侧重程度。

两种权重下改进的粒子群算法迭代过程中适应度值的变化曲线如图 5.12 和图 5.13 所示。

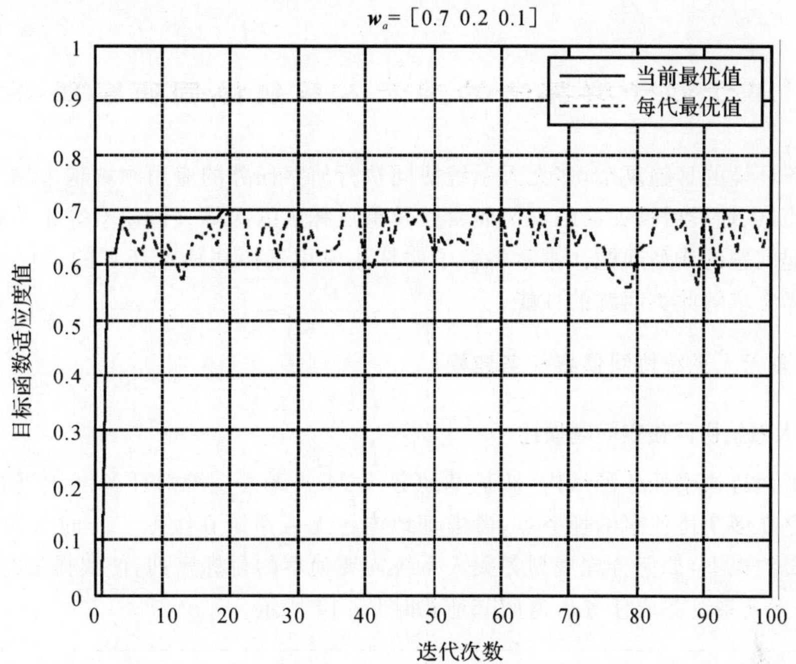

图 5.12　权重向量为 w_a = [0.7　0.2　0.1] 时粒子群算法中适应度值的变化曲线

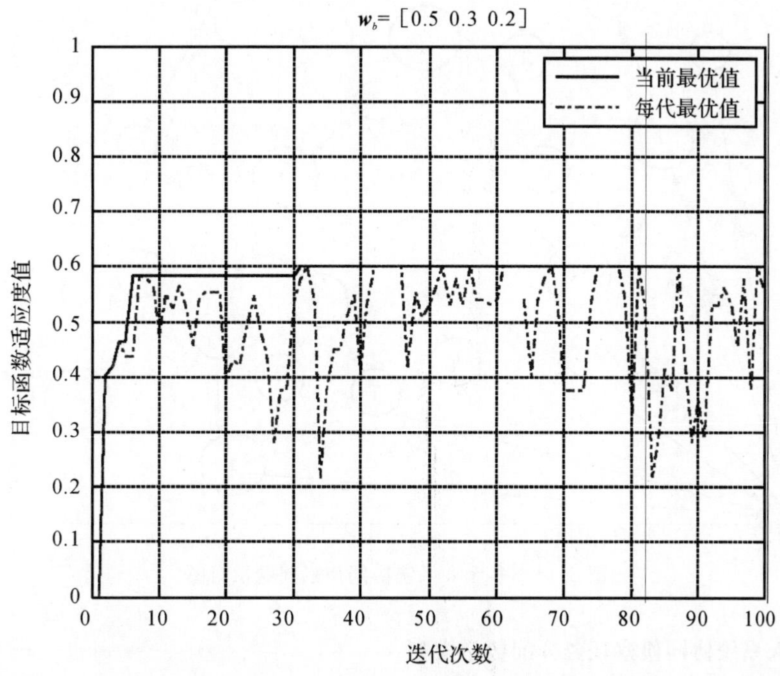

图 5.13　权重向量 w_b = [0.5　0.3　0.2] 时粒子群算法中适应度值的变化曲线

从粒子群算法迭代过程中适应度值的变化曲线中可以看出，改进的粒子群算法能在较少的迭代次数内使目标函数的适应度值达到最大，说明算法的收敛速度较快且具有较好的寻优性能。

5.3 基于粒子群算法的多无人系统协同侦察任务分配

随着任务环境的日趋复杂，多无人系统协同执行侦察任务的应用领域越来越多，比如战场环境的情报侦察、地震后重灾区的灾情侦察以及重点林区的深林火情侦察等相关领域，该问题属于任务分配问题的典型问题。本章将粒子群算法应用于协同侦察任务的最优化分配中，来验证粒子群算法求解此类问题的性能。

5.3.1 多无人系统协同侦察任务建模

一、多无人系统协同侦察问题描述

在二维平面待侦察任务区域内，从某基地起飞 M 架无人系统对任务区域进行情报侦察，任务区域中存在多个待侦察的任务点，考虑基地内各无人系统在续航工作时长及侦察载荷的有效工作时长约束下，如何合理规划各无人系统需要侦察的目标序列，使获得的总侦察收益最大化，并保证无人系统完成任务后返回基地，如图 5.14 所示。

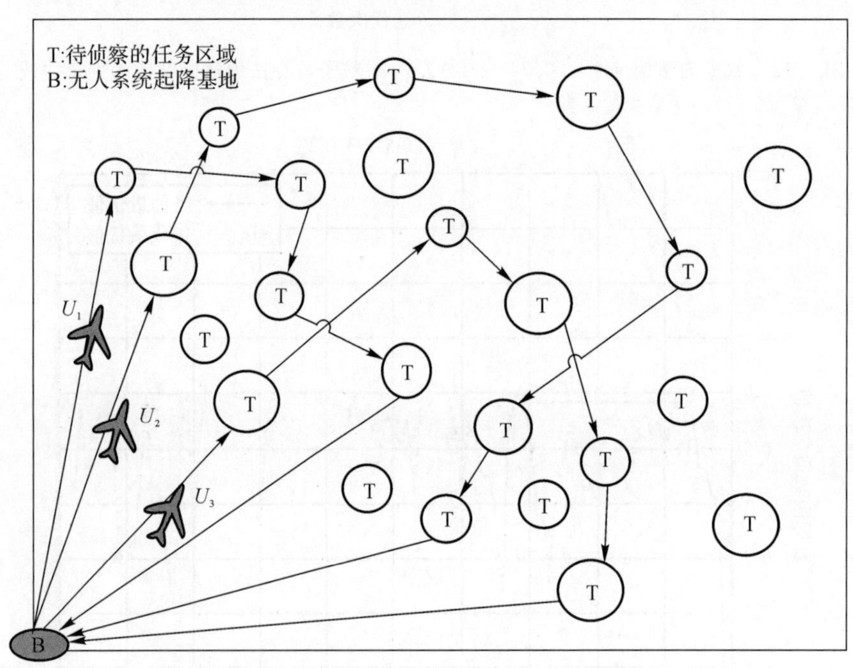

图 5.14 多无人系统协同侦察问题示意图

二、多无人系统协同侦察任务分配数学模型

1. 目标函数

侦察任务的目的是获得待侦察任务点的情报收益。每个任务点都有相应的侦察收益，无

人系统从基地起飞对任务点进行侦察，例如通过红外传感器获得该任务区域的红外图像，利用相机拍摄照片获得任务区内活动影像等。使用多无人系统进行协同侦察可以在有效的时间内获得更多的有效情报、侦察更多的任务区域。因此，使用总情报收益最大化作为多无人系统协同侦察任务分配问题的目标函数，即：

$$\max F = \max\left(\sum_{i=0}^{N}\sum_{j=0}^{N}\sum_{k=1}^{M} c_j x_{ijk}\right) \tag{5-34}$$

式中　N——任务区中待侦察的目标点数量；

M——出动的无人系统数量；

c_i——侦察第 i 个目标点获得的收益，$i=0,1,\cdots,N$，$c_i \in [0,1]$；

x_{ijk}——决策变量，第 k 个无人系统是否需要从任务点 i 到达任务点 j。

2. 约束条件

针对多无人系统协同任务分配问题的特点，任务分配过程中需要考虑的约束条件如下。

(1)时间约束：

$$\sum_{i=0}^{N}\sum_{j=0}^{N} t_{ijk} x_{ijk} + \sum_{i=0}^{N}\sum_{j=0}^{N} t_j x_{ijk} \leqslant T_k, k=1,2,\cdots,M \tag{5-35}$$

式中　t_j——侦察第 j 个目标需要的侦察时间，$j=0,1,\cdots,N$，$t_0=0$；

t_{ijk}——第 k 架无人机从目标 i 到目标 j 需要的飞行时间，即 $t_{ijk}=D_{ij}/V$；

T_k——第 k 架无人机的总续航时间；

式(5-35)为多无人系统的总侦察时间约束，无人系统需在自身续航时长内完成对整个任务区域的侦察并返回。

(2)侦察约束：

$$\sum_{j=0}^{N}\sum_{k=1}^{M} x_{ijk} \leqslant 1, i=1,2,\cdots,N \tag{5-36}$$

式(5-36)为侦察限制约束，用来约束每个目标点最多被侦察一次。

(3)起始点约束：

$$\sum_{j=1}^{N} x_{0jk} = \sum_{i=1}^{N} x_{i0k} = 1, k=1,2,3,\cdots,M \tag{5-37}$$

式(5-37)为无人系统的起始约束。无人系统必须从基地起飞，侦察完分配的目标后返回基地。

(4)任务约束：

$$\sum_{i=0}^{N}\sum_{j=0}^{N} x_{ijk} \geqslant 1, k=1,2,\cdots,M \tag{5-38}$$

式(5-38)为无人系统的任务约束，为了提高侦察效率，所有的无人系统都必须被分配相应的侦察任务。

(5)任务载荷约束：

$$\sum_{i=0}^{N}\sum_{j=0}^{N} t_j x_{ijk} \leqslant TI_k \tag{5-39}$$

式中，TI_k 为第 k 个无人系统携带任务载荷的最大有效工作时间。

式(5-39)为无人系统的任务载荷约束，用来保证给每个无人系统分配的侦察任务不能超过该无人系统携带载荷的最大工作时间。

(6)平衡性约束：

$$\sum_{i=1}^{N}\sum_{k=1}^{M}x_{ijk}-\sum_{i=1}^{N}\sum_{k=1}^{M}x_{jik}=0,\ j=1,2,\cdots,N \tag{5-40}$$

式(5-40)为任务分配问题的平衡性约束，用来保证无人系统侦察完该目标点后必须离开去侦察下一个目标点。

5.3.2 多无人系统协同侦察任务分配问题的粒子群算法实现

针对多无人系统协同侦察问题的特点，对标准粒子群算法进行相应的更改，主要包括：设计了粒子的实数化向量编码方式、惯性系数 ω 的线性自适应调节策略、引入精英策略及杂交变异策略。

一、实数化向量粒子编码方式

在多无人系统协同侦察问题中，主要解决的问题是在满足约束条件下，如何给每个无人系统分配任务集及相应的任务执行序列，使无人系统总的侦察收益最大化。针对该问题的特点设计如下的实数向量编码方式，将每个粒子都设计为维度为任务点数量的行向量：

$$\boldsymbol{x}_i=[x_1\quad x_2\quad \cdots\quad x_N] \tag{5-41}$$

式中，粒子中的元素取实数，且 $x_j\in(0,M+1)$，$j=1,2,\cdots,N$，粒子中元素的下标序号对应待侦察目标点序号。x_j 的整数部分表示将待侦察任务点 j 分配给对应序号的无人系统，小数部分按照由小到大的顺序进行排列，构成对应无人系统的任务执行序列。假如有 3 个无人系统协同侦察 6 个任务点，其中一个解向量为 $\boldsymbol{x}=[0.8\quad 1.2\quad 1.8\quad 2.3\quad 3.9\quad 3.3]$；可以按照表 5-6 所示方式进行任务分配结果的解析。

表 5-6 粒子编码中的实数向量解析

解码分析	侦察目标					
	T_1	T_2	T_3	T_4	T_5	T_6
x_i	0.8	1.2	1.8	2.3	3.9	3.3
整数部分	0	1	1	2	3	3
小数部分	0.8	0.2	0.8	0.3	0.9	0.3
任务分配编号	无	U_1	U_1	U_2	U_3	U_3
任务执行顺序	无	1	2	1	2	1

由于多无人系统协同侦察问题中可能存在当前约束条件下某个目标点无法被侦察的情况，因此，规定当粒子编码中的实数向量 $0<x_j<1$ 时意味着该目标点不被分配。从表 5-6 中可以看出无人系统 U_1 分配侦察的目标点为 T_2，T_3 且侦察顺序为 T_2，T_3，无人系统 U_2 分配侦察的目标点为 T_4，无人系统 U_3 分配侦察的目标点为 T_5，T_6 且侦察顺序为 T_6，T_5。这种编码方式简便、易于实现，可以有效解决离散状态时的编码问题。

采用实数向量编码容易产生非法解，如何缩小搜索空间，增强粒子的最优解搜索效率，需要对粒子的生成方式进行一定的约束，在粒子群算法进行粒子初始化及生成新位置时，新位置的有效取值不能超过无人系统的最大编号，即要保证：$x_j\in(0,M+1)$，$j=1,2,\cdots,N$。

在每次粒子更新后，需要进行如下的约束处理：

$$x_j=\begin{cases}1*\mathrm{rand},x_j\leqslant 0\\x_j,0<x_j<M+1\\N,x_j\geqslant M+1\end{cases}\tag{5-42}$$

由(5-42)可见，当粒子的新位置超出空间边界时，则将粒子抛弃并选择新粒子映射到搜索空间中，其中 rand 为服从[0,1]均匀分布的随机数。

二、其他改进策略

为了提高标准粒子群算法的性能，在粒子群算法的实现中继续采用精英保留策略、杂交操作策略，变异策略及自适应惯性系数调整策略，相应策略的具体实现与上小节相同。算法的实现流程与上小节相同。

5.3.3　仿真实验分析

一、任务场景想定

假设在 100 km×100 km 的任务区域内，有 3 个无人系统（信息设置见表 5-7）从基地(0,0)起飞，任务区域内有 30 个目标点需要侦察，每个任务点都有相应的侦察收益、目标点位置坐标、侦察消耗的时间，无人系统在自身续航和载荷有效工作时间尽可能多地进行目标侦察，之后返回基地，任务场景参数设置见表 5-8。

表 5-7　无人系统信息设置

无人系统编号	位置 (km,km)	运动速度 (km/h)	最大续航时间/h	载荷工作时间/h
U_1	(0,0)	25	17	15
U_2	(0,0)	25	23	15
U_3	(0,0)	25	23	15

表 5-8　任务场景信息设置

目标点编号	位置 (km,km)	侦察耗时/h	侦察收益
T_1	(10,10)	0.50	0.31
T_2	(20,20)	0.80	0.37
T_3	(35,38)	1.15	0.44
T_4	(24,83)	1.80	0.57
T_5	(45,10)	1.05	0.42
T_6	(7,19)	0.60	0.33
T_7	(35,25)	1.00	0.41
T_8	(14,33)	0.95	0.40
T_9	(29,5)	0.85	0.38
T_{10}	(65,65)	1.90	0.59
T_{11}	(23,60)	1.45	0.50

续表

目标点编号	位置 (km,km)	侦察耗时/h	侦察收益
T_{12}	(50,78)	1.95	0.60
T_{13}	(55,20)	1.30	0.47
T_{14}	(37,60)	1.50	0.51
T_{15}	(80,25)	1.75	0.56
T_{16}	(87,14)	1.85	0.58
T_{17}	(92,80)	2.45	0.70
T_{18}	(8,63)	1.40	0.49
T_{19}	(15,43)	1.00	0.41
T_{20}	(74,33)	1.70	0.55
T_{21}	(50,44)	1.45	0.50
T_{22}	(72,84)	2.20	0.65
T_{23}	(30,70)	1.60	0.53
T_{24}	(38,51)	1.40	0.49
T_{25}	(45,92)	2.00	0.61
T_{26}	(83,45)	1.95	0.60
T_{27}	(70,10)	1.50	0.51
T_{28}	(60,30)	1.45	0.50
T_{29}	(80,62)	2.05	0.62
T_{30}	(42,65)	1.80	0.57

待侦察目标点的分布图如图 5.15 所示。

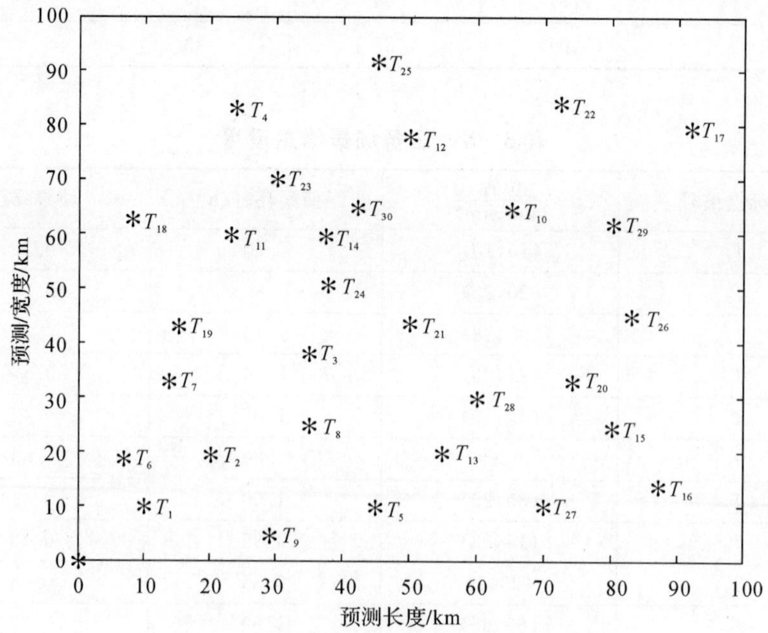

图 5.15　任务场景中待侦察目标点分布图

二、仿真结果与分析

应用改进后的粒子群算法求解该侦察任务分配问题，设定粒子数的种群大小为 40，自我认知系数 $c_1=0.6$，社会认知系数 $c_2=0.5$，惯性系数 ω 在 0.9～0.4 之间线性取值，杂交概率 $P_c=0.3$，变异概率 $P_m=0.05$，最大迭代次数为 100 次。通过算法求得各个无人系统的任务分配结果见表 5-9。

表 5-9 任务分配结果

编号	任务分配结果	任务消耗时长/h	有效侦察时长/h	侦察收益
U_1	3-12-10-21-13	16.67	7.75	2.60
U_2	8-9-5-15-26-30-11-18	22.67	11.20	3.92
U_3	6-19-23-25-22-14-24-28	22.96	11.75	4.03

各无人系统执行侦察任务的分配结果及执行顺序如图 5.16 所示。

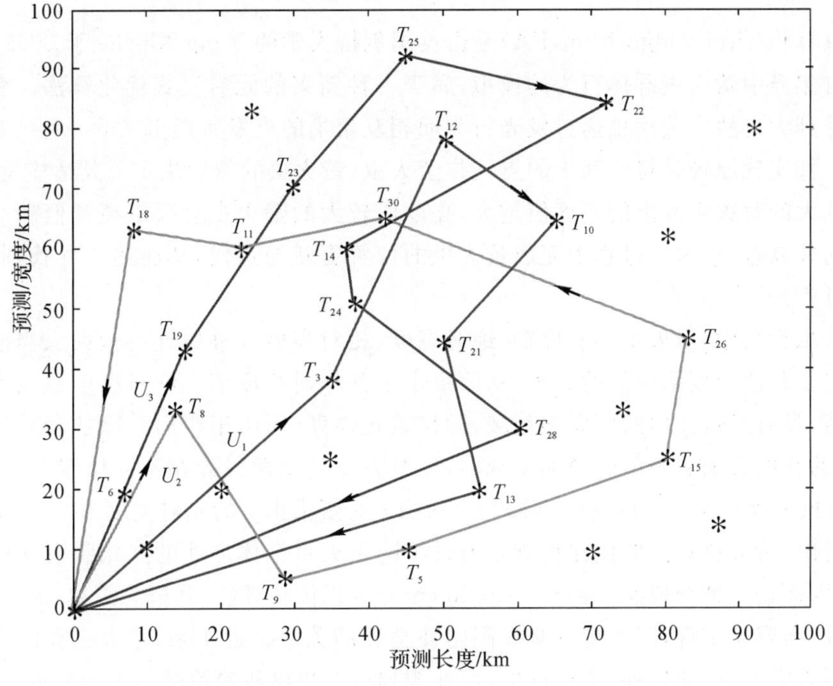

图 5.16 多无人系统协同侦察任务分配结果

图 5.16 中，各无人系统根据任务分配结果执行完侦察任务后返回基地，没有出现某个目标被侦察多次的现象。各无人系统完成侦察任务消耗的总时长小于各无人系统自身最大续航时间和载荷有效工作时长。由于无人系统的最大续航时间及任务载荷的有效工作时间限制，有 5 个目标点无法完成侦察任务。无人系统完成侦察任务获得最大的侦察收益为 10.55。

第6章 萤火虫算法在无人系统中的应用

6.1 萤火虫算法实现原理

6.1.1 算法概述

萤火虫算法(firefly algorithm,FA)是由英国剑桥大学的 Yang Xinshe 于 2008 年提出的,它源自对自然界中萤火虫群体行为的模拟,属于一种新兴的元启发式优化算法。萤火虫算法是开发者受到大自然中萤火虫通过发光行为而相互聚集的启发所提出来的一种元启发式随机优化算法。其实现原理是将空间中的点视作萤火虫,萤火虫的位置决定了其适应度值的大小,适应度值越大的萤火虫发出的亮度值越大,亮度值较大的萤火虫会吸引亮度值较小的萤火虫朝自身移动并靠近,在这一过程中完成萤火虫的位置更新与迭代,从而逐步寻找到最优位置,完成寻优过程。

在萤火虫算法中,萤火虫具有位置、绝对亮度、相对亮度 3 种属性。萤火虫当前所处的位置直接决定了其适应度函数值的大小,从而决定了其绝对亮度值。绝对亮度是萤火虫本身发出的亮度值,没有经过任何的削弱和衰减,即初始光强度,而由于距离的增加和空气对光的吸收,萤火虫的亮度会随着距离的增加而减弱,相对亮度是指两只处在不同位置的萤火虫,萤火虫 i 在萤火虫 j 所在位置处的光强度即为萤火虫 i 对萤火虫 j 的相对亮度。

可以看出,萤火虫算法的优化机制是通过不同萤火虫个体之间的互相吸引达到寻找最优解的目的,因而是一种群智能(swarm intelligence)随机优化算法,其概念简单,流程清晰,需要调整的参数少,容易实现,因而受到众多国内外学者的关注。近年来,萤火虫算法已经被广泛应用在机器人学习、图像处理、生产调度、商业规划以及机械故障诊断等工程领域,众多研究成果表明,萤火虫算法具有较高的寻优精度及较快的收敛速度,是一种高效可行的优化算法。

6.1.2 萤火虫算法的数学描述

1. 萤火虫个体表示

假设在一个 D 维搜索空间中,存在有 n 只萤火虫所构成的群体,第 i 只萤火虫的位置为

$$X_i = (x_i^1, x_i^2, \cdots, x_i^D), \quad i = 1,2,\cdots,n \tag{6-1}$$

式中,x_i^j 表示第 i 只萤火虫在第 j 维上的位置,$j = 1,2,\cdots,D$,每只萤火虫的初始位置随机产生。

2. 萤火虫个体的绝对亮度

萤火虫 i 的绝对亮度用 I_i 表示，表示萤火虫所在位置处的目标函数值，一般设定在 $X_i = (x_i^1, x_i^2, \cdots, x_i^D)$ 处的萤火虫 i 的绝对亮度 I_i 等于所研究优化问题的目标函数值 $f(X_i)$，即

$$I_i = f(X_i) \tag{6-2}$$

(1)萤火虫个体的相对亮度。萤火虫 i 对萤火虫 j 的相对亮度用 I_{ij} 表示，由于萤火虫 i 的亮度随着距离的增加以及空气的吸收而减弱，定义萤火虫 i 对萤火虫 j 的相对亮度 I_{ij} 为

$$I_{ij}(r_{ij}) = I_i e^{-\gamma r_{ij}^2} \tag{6-3}$$

式中　I_i ——萤火虫 i 的绝对亮度；

γ ——光吸收系数，一般可设为常数；

r_{ij} ——萤火虫 i 与萤火虫 j 之间的距离，由下式计算：

$$r_{ij} = \| X_i - X_j \| = \sqrt{\sum_{k=1}^{D} (x_{i,k} - x_{j,k})^2} \tag{6-4}$$

(2)萤火虫个体间的吸引力。萤火虫 i 对萤火虫 j 的吸引力用 β_{ij} 表示，β_{ij} 与萤火虫 i 对萤火虫 j 的相对亮度 I_{ij} 成正比例，与相对亮度的定义类似，萤火虫 i 对萤火虫 j 的吸引力定义为

$$\beta_{ij}(r_{ij}) = \beta_0 e^{-\gamma r_{ij}^2} \tag{6-5}$$

式中　r_{ij} ——萤火虫 i 与萤火虫 j 之间的距离；

β_0 ——在 $r = 0$ 处萤火虫的初始吸引力。

(3)萤火虫个体的位置更新。若萤火虫 i 的适应度值优于萤火虫 j 的，则萤火虫 j 在每一次迭代过程中朝着萤火虫 i 的方向移动，相应的位置更新公式为

$$X_j(t+1) = X_j(t) + \beta_{ij}(r_{ij})(X_i(t) - X_j(t)) + \alpha\varepsilon \tag{6-6}$$

式中　t ——算法的当前迭代次数；

α ——常数；

ε ——由高斯分布、均匀分布或者其他分布得到的随机数向量。

6.2　基于萤火虫算法的无人系统耦合任务分配

6.2.1 耦合任务分配概述

一、SEAD 任务分析

本章将以多无人系统协同执行压制敌防空系统任务(suppression of enemy air defense, SEAD)为研究背景，重点关注 SEAD 任务的时间窗约束和任务同步时序约束关系，将萤火虫算法应用于解决此类具有时间耦合约束的多无人系统协同任务分配问题，以此来验证算法的性能。

SEAD 任务主要是指对特定区域的敌方防空系统实施打击摧毁，使其暂时或永久失去作战能力，从而极大地削弱敌方的防空力量，该任务的具体压制目标有敌方预警雷达、地面防空导弹雷达以及通信/指挥控制站等。图 6.1 所示为 SEAD 任务的典型作战想定。

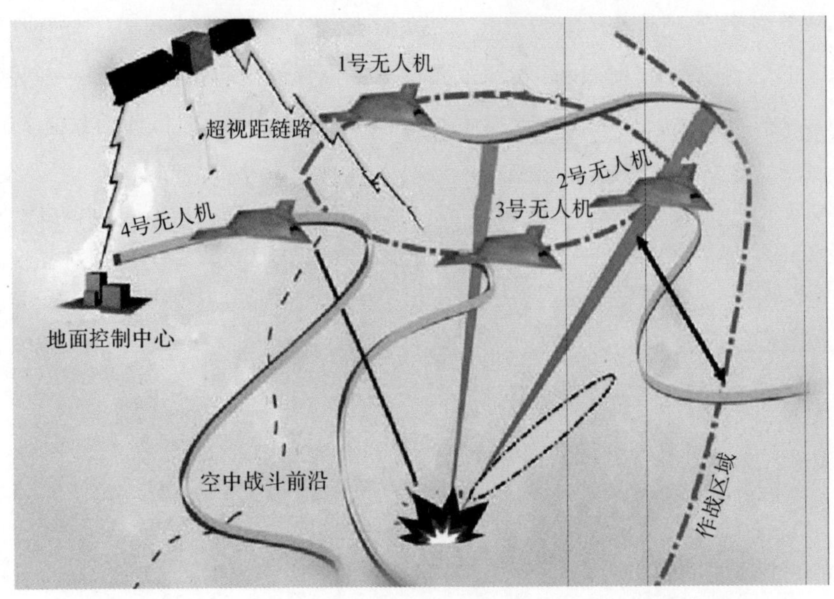

图 6.1 SEAD 作战想定

在 SEAD 任务中,往往存在多个需要压制的敌方目标,每个目标都包含三种子任务:确认、打击和毁伤评估。三种任务的定义如下:

(1)确认(classify):无人系统携带传感器资源对战场目标进行侦察识别,从而确认目标位置及目标类型。

(2)打击(attack):无人系统携带武器对已确认的目标进行打击,使目标暂时或永久失去作战能力。

(3)毁伤评估(verify):无人系统携带传感器对被打击目标进行观测以确定目标的受损程度及是否被摧毁,若目标未被摧毁,需请示再次对该目标执行打击任务。

二、SEAD 中的任务时间窗约束

由于 SEAD 任务的复杂性,需要对每个战场环境中的目标依次执行确认、打击和毁伤评估三种任务,同一目标的三种任务可以由一个满足资源约束的无人系统完成,也可以由多个无人系统协同完成。通常,单个无人系统自身性能和携带载荷的能力都是有限的,而战场中通常存在多个需要打击的目标,所以在 SEAD 任务中,通常都是由多个无人系统协同来完成任务。

SEAD 任务场景中每个目标的三种子任务间具有严格的时序约束关系:首先确认目标,然后执行打击,最后进行毁伤评估。通常毁伤评估任务具有时效性,要求在打击任务完成后的一定时间内执行,否则就失去了评估的有效性。因此,设定毁伤评估任务具有时间窗,分别用 $inter_{min}$ 和 $inter_{max}$ 表示,则 SEAD 任务中某个目标的任务执行顺序可由图 6.2 来表示。

图 6.2 SEAD 中任务的执行时序关系

图 6.2 表示对目标的确认必须在打击之前完成，确认到打击没有时间约束，但是，如果在 T 时刻对目标执行了打击任务，则相应的毁伤评估任务必须在时间窗[T+Inter_min，T+Inter_max]之内执行。

三、SEAD 中的任务同步时序约束

SEAD 任务中，除了毁伤评估任务的时间窗约束外，有时为了实现特殊的打击效果，还有对某些目标的任务同步时序约束，为了体现萤火虫算法解决该类复杂任务分配问题的能力，我们在本章中也将任务同步时序约束考虑进来。

任务同步时序约束是指出于某种战术考虑或者为了达到某种特殊的效果而需要对两个或以上的目标同时实施某种任务，如同时实施打击任务。

值得注意的是“同时”是一个相对的概念，其具体含义随着人们对所研究事物的不同而发生变化。如历史学家对人类战争史进行研究时，可以认为发生在同一年的两场战争是同时发生的；当天文学家对宇宙起源进行研究时，“同时”可能仅仅意味着发生在同一个世纪；相反，当科学家对微观事物进行研究时，其追求的精度可能是微秒甚至纳秒级别的。

在 SEAD 任务中我们对任务的同步时序约束定义如下：假设任务 A 在 t_a 时刻被执行，任务 B 在 t_b 时刻被执行，给定一个固定的时间窗 inter，若 $|t_a - t_b| \leqslant \text{inter}$，则可以认为任务 A 和任务 B 满足任务的同步执行时序约束。

在 SEAD 任务中，任务的同步时序约束还包括任务的优先级约束，有时为了某种战术考虑，要求目标 T_i 的打击任务必须在目标 T_j 的打击任务前执行。

考虑了任务时间窗约束以及任务同步时序约束时的 SEAD 任务分配问题属于典型的耦合任务分配问题。

6.2.2　多无人系统的耦合任务分配问题建模

一、场景描述

1. 无人系统平台

目前战术使用的无人系统载荷主要有用于攻击目标的各类打击武器（如普通炸弹、激光制导炸弹及反辐射导弹等）和用于侦察、探测的各种传感器设备（如雷达、红外探测仪及相机设备等），在 SEAD 任务分配中，定义以下三种类型的无人机系统：

(1)攻击型无人系统（A 型）：携带有一定的武器载荷，用于对目标实施打击任务；

(2)侦察型无人系统（B 型）：侦察型无人系统是指携带有一定的传感器设备，用于对目标进行探测、观察，能够确认目标信息及对目标进行毁伤评估；

(3)察/打一体型无人系统（C 型）：察/打一体无人系统是指能够同时携带武器载荷和传感器设备的无人系统，既能执行打击任务，也能执行侦察类任务，如进行目标信息确认及毁伤评估。

2. 任务环境

假设有无人系统共 M 架，其中三种类型的无人系统数量分别为 M_A，M_B 和 M_C，见表 6-1。

表 6-1　无人系统信息

无人系统类型	执行任务类型	数　量	符　号
A 型（打击型）	打击	M_A	$U_i^A(i=1,2,\cdots,M_A)$
B 型（侦察型）	侦察、毁伤评估	M_B	$U_i^B(i=1,2,\cdots,M_B)$
C 型（察打一体型）	打击、侦察、毁伤评估	M_C	$U_i^C(i=1,2,\cdots,M_C)$

从表 6-1 可知，基地中无人系统的总数量为 $M=M_A+M_B+M_C$。我们用 $U=\{U_1,U_2,\cdots,U_M\}$ 表示无人系统集合。已知敌方防空系统中有 N 个待摧毁目标，用集合 $T=\{T_1,T_2,\cdots,T_N\}$ 表示，要求无人系统对每个敌方目标先后执行打击和毁伤评估两种任务，但是每一个毁伤评估任务必须在时间窗内完成。

为降低任务分配问题的复杂度，对多无人系统协同执行 SEAD 任务分配问题做出以下假设：

1)作战区域为二维平面的，每个目标执行确认、打击和毁伤评估任务各一次；

2)任务的空间分布是对称的，即目标 T_i 到目标 T_j 的距离与目标 T_j 到目标 T_i 的任务距离相等，任务过程中无人系统运动速度为固定值；

3)每个目标的独立任务(确认/打击/毁伤评估)需要一个无人系统即可完成；

4)不同类型无人系统执行同类型任务时所消耗的代价相同，每个目标的打击任务只需要一个单元的武器载荷即可完成；

5)每个无人系统在同一时刻只能执行一个任务；

6)若同一架无人系统被分配连续执行同一目标的多个任务，为满足时间耦合约束，无人系统将在目标上空盘旋，等待下一任务执行的时间窗。

二、目标函数

1. 常用变量的定义

为便于模型的描述，本章中统一定义如下变量符号：

1) U—— 无人系统集合，$U=\{U_1,U_2,\cdots,U_M\}$，U_i 表示第 i 个无人系统；

2) T—— 目标集合，$T=\{T_1,T_2,\cdots,T_N\}$，T_i 表示第 i 个目标；

3) v_i——U_i 的速度，$i=1,2,\cdots,M$，任务过程中 v_i 保持不变，为常值；

4) T_{jh}——T_j 的第 h 种任务，其中当 $h=1$ 时为确认，当 $h=2$ 时为打击，当 $h=3$ 时为毁伤评估；

5) U_{jh}—— 能够执行任务 T_{jh} 的无人系统集合；

6) TaskSequence_i——分配给 U_i 的任务序列，$\text{TaskSequence}_i=\{\text{task1}>\text{task2}>\text{task3}>\cdots>\text{task}n_i\}$

7) Route_i—— U_i 的任务路径序列，$\text{Route}_i=\{UP0_i,\text{task 1},\text{task 2},\cdots,\text{task } n_i,\text{BP}\}$，其中 $UP0_i$ 为任务路径的起点，BP 为任务路径的终点.

8) Voy_i——U_i 的任务航程，$i=1,2,\cdots,M$；

9) Voy max_i—— U_i 的最大任务航程，$i=1,2,\cdots,M$；

10) R_i —— U_i 的携带的武器载荷数量，$i=1,2,\cdots,M$；

11) t_{ijh} —— U_i 完成任务 T_{jh} 消耗的执行时间，$i=1,2,\cdots,M$；

12) T_k^s——任务 k 的开始被执行时刻；

13) T_k^e——任务 k 的完成时刻；

14) $\text{inter}_{\min}$——打击任务与毁伤评估任务的最小时间间隔；

15) $\text{inter}_{\max}$——打击任务与毁伤评估任务的最大时间间隔；

16) $x_{ijh}=\begin{cases}1,\text{无人系统}U_i\text{ 执行任务}T_{jh}\\0,\text{其他情况}\end{cases}$

2. SEAD 中任务分配的主要指标量

在 SEAD 任务中，常用的任务分配指标量有所有无人系统的任务总航程最小化，所有无人系统中最大任务航程最小化，任务执行的总时间最小化以及任务持续的总时间最小化。

(1)无人系统的任务总航程最小化。

无人系统任务航程是指无人系统从开始执行任务到返回基地所飞行的总路程。该指标是以所有无人系统的任务航程总和最小化为代价，即

$$F_1 = \min\left(\sum_{i=1}^{M} \mathrm{Voy}_i\right), i = 1,2,\cdots,M \tag{6-7}$$

(2)无人系统最大任务航程最短指标。

该指标以各无人系统中的最大任务航程最小化为代价，引导任务分配策略朝着最小化每架无人系统任务航程的方向进行，即

$$F_2 = \min\left(\max_{i=1,2,\cdots,M} \mathrm{Voy}_i\right), i = 1,2,\cdots,M \tag{6-8}$$

(3)任务执行总时间最短指标。

该指标以各无人系统执行目标所耗费的总时间为代价，引导任务分配策略朝着使整个无人系统任务效率最高的方向进行，即

$$F_3 = \min\left[\sum_{i=1}^{M}\sum_{j=1}^{N}\sum_{k=1}^{t}(x_{ijk} \times t_{ijk})\right] \tag{6-9}$$

(4)任务持续时间最短指标。

任务持续时间是指各无人系统的任务执行时间的最大值，引导任务分配策略朝着任务效率最高的方向进行，即

$$F_4 = \min\left\{\max_{i=1,2,\cdots,M}\left[\sum_{j=1}^{N}\sum_{k=1}^{t}(x_{ijk} \times t_{ijk})\right]\right\} \tag{6-10}$$

3. 目标函数的选取

由于我们设定了无人系统在执行任务过程中速度始终保持不变，因而能够通过 $S = Vt$ 方便地将时间代价转化为任务航程代价。所以可以选择无人系统最大任务航程最小化作为任务规划的指标，该指标将引导任务分配策略朝着最小化每个无人系统任务航程的方向进行，即

$$F = \min\left(\max_{i=1,2,\cdots,M} \mathrm{Voy}_i\right) \tag{6-11}$$

由于在无人系统执行 SEAD 任务过程中，可能会因为时间约束导致无人系统到达任务执行点而不能立刻执行任务，如毁伤评估任务必须等待打击任务完成一定时间后才能开始等，此时需要无人系统在目标附近等待，直到满足时间窗要求才能开始任务。在这过程中，无人系统由于等待而没有离开目标点去执行其他任务，但是其任务航程仍在增加，这种情形也必须考虑到任务规划过程中。

三、任务约束

在 SEAD 耦合任务分配问题中，我们考虑如下主要约束条件。

(1)SEAD 任务场景中的每个任务都必须被执行，即

$$\sum_{i=1}^{M}\sum_{j=1}^{N}\sum_{h=1}^{3} x_{ijh} = 3N \tag{6-12}$$

(2)SEAD 任务场景中的每个任务只能被执行一次，即

$$\sum_{i=1}^{M} x_{ijh} = 1, \quad j = 1,2,\cdots,N, \quad h = 1,2,3 \tag{6-13}$$

(3)每个无人系统至少被分配一个任务，即

$$\sum_{j=1}^{N}\sum_{h=1}^{3} x_{ijh} \geqslant 1, \quad i = 1,2,\cdots,M \tag{6-14}$$

(4)任务时序约束为

$$T^{s}_{T_{jh}} + x_{ijh}t_{ijh} \leqslant T^{e}_{T_{jh}} \tag{6-15}$$

$$T^{e}_{T_{jh}} \leqslant T^{s}_{T_{jh}} \tag{6-16}$$

式中：$i=1,2,\cdots,M$；$j=1,2,\cdots,N$；$h=1,2,3$。

(5)无人系统的任务航程约束：

$$\mathrm{Voy}_i \leqslant \mathrm{Voy\,max}_i\,,\quad i=1,2,\cdots,M \tag{6-17}$$

(6)无人系统携带的武器资源约束：

$$\sum_{j=1}^{N} x_{ij2} \leqslant R_i\,,\quad i=1,2,\cdots,M \tag{6-18}$$

(7)打击任务和毁伤评估任务的时间窗约束：

$$T^{e}_{T_{j2}} + \mathrm{inter}_{\min} \leqslant T^{s}_{T_{j3}} \tag{6-19}$$

$$T^{e}_{T_{j2}} + \mathrm{inter}_{\max} \geqslant T^{s}_{T_{j3}} \tag{6-20}$$

式中，$j=1,2,\cdots,N$。

(8)任务同步时序约束：假定目标 T_i 和目标 T_j 必须同时打击，需要满足同步时序约束，则有如下约束：

$$\left| T^{s}_{T_{i2}} - T^{s}_{T_{j2}} \right| \leqslant \mathrm{inter} \tag{6-21}$$

式中，$T^{s}_{T_{i2}}$，$T^{s}_{T_{j2}}$，inter 分别表示目标 T_i 的开始打击时刻、目标 T_j 的开始打击时刻和设定的时间间隔。

(9)任务优先级约束。假定目标 T_k 必须在 T_l 被确认之前执行毁伤评估任务，则有如下约束：

$$T^{e}_{T_{k3}} \leqslant T^{s}_{T_{l1}} \tag{6-22}$$

式中，$T^{e}_{T_{k3}}$，$T^{s}_{T_{l1}}$ 分别表示目标 T_k 的毁伤评估任务结束时刻和目标 T_l 的确认任务开始时刻。

6.2.3 耦合任务分配的萤火虫算法实现

由于萤火虫算法的概念简单，流程清晰，参数少，易于实现，近年来受到很多学者的关注与研究，也涌现出了很多的改进算法。Yang Xinshe 把 Lévy 飞行引入萤火虫算法迭代公式的随机部分，构建了 Lévy 飞行萤火虫算法(Lévy flight firefly algorithm，LFA)，通过测试函数与粒子群算法进行比较，发现 LFA 在搜寻全局最优值方面更高效，成功率更高。Leandro 等把混沌序列引入萤火虫算法，用混沌序列调整萤火虫算法的参数 γ 和 α，并用该算法优化可靠性和冗余度分配的基准测试函数，得到了较好的最优解。Mohammad 等基于萤火虫算法提出了一种离散萤火虫算法(discrete firefly algorithm，DFA)，并成功解决了置换流水车间调度中最小化完工时间问题，试验表明 DFA 能够适用于不同规模的流水车间调度问题，而且相较于蚁群优化算法，能得到更好的优化结果。国内也有学者基于萤火虫算法在距离较远时吸引力很弱，很难影响位置更新的现象，提出了根据萤火虫之间距离调整随机系数的方法。综合相关研究成果并结合耦合任务分配问题的特点，我们设计了萤火虫算法的分段编码/解码模式，并设计了新的粒子更新及重构等操作。

一、萤火虫个体编码

将萤火虫表示为 $1\times 2N_t$（N_t 为待分配的任务数量，$N_t=3\times N$）维数组，采用整数编码的形式。将每个萤火虫分为两部分，前 N_t 维表示任务分配(task allocation，TA)部分，从左至右分别表示第 i（$i=1,2,\cdots,N$）个目标的确认、打击和毁伤评估任务，每一维的取值由该位表示的任务可执行无人系统集合决定；后 N_t 维表示任务排序(task sequencing，TS)部分，由 3 组所有目标的编号组成，从左至右，某目标编号第 h 出现表示该目标的第 h 个子任务。这种编码方法保证每个萤火虫表示的任务分配方案都是可行的。编码方式如图 6.3 所示。

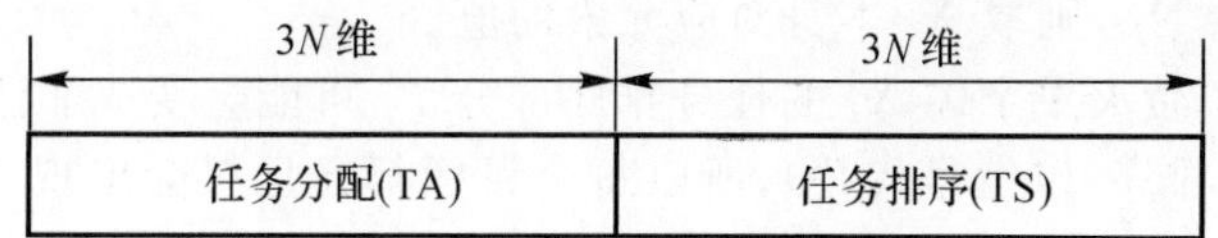

图 6.3　萤火虫个体的分段编码模式

1. 任务分配部分

该部分表示了 N 个目标共 $3N$ 个任务的分配情况，即哪个目标的哪个任务分配给哪个无人系统。该部分共有 $3N$ 个位，由 N 个目标依次按照目标编号排列，从第一个位开始，每三个位代表一个目标，其中第一个位表示确认任务，第二个位表示攻击任务，第三个位表示毁伤评估任务。每个位的取值为当前位所代表任务可供选择的无人系统顺序编号，从而保证了每个任务被分配给能够执行该任务的无人系统。

2. 任务排序部分

该部分表示了所有任务的排序情况，由 $3N$ 个位组成，每个位由目标的编号编码，每个目标的编号出现 3 次，出现的顺序表示该目标两个任务间的先后顺序，目标编号 i 出现的第 j 次，表示该目标的第 j 个任务。

二、种群初始化

使用随机生成方式对萤火虫种群进行初始化。为了确保初始产生的萤火虫能比较均匀地分布在解空间中，从而防止种群过早陷入局部最优解，在随机生成初始化的过程中，比较萤火虫之间的余弦相似度，当两者相似度超过某一设定的阈值 ξ，则对其中一个萤火虫重新初始化。余弦相似度计算公式为

$$\cos(X_i, X_j) = \frac{X_i X_j}{\| X_i \| \, \| X_j \|} \tag{6-23}$$

三、萤火虫位置更新方式

根据多无人系统协同任务分配问题以及萤火虫个体编码的特点，在计算萤火虫之间的距离时，采用海明距离 H_{ij} 代替标准算法中的欧氏距离 r_{ij} 。海明距离是指两个萤火虫个体的位置向量中互相对应的元素不相等的对数，如两个萤火虫的位置向量分别是[2 5 4 3 6 1 8]，[2 4 5 3 8 1 6]，则它们的海明距离是 3。采用海明距离后的相对吸引度计算公式为

$$\beta_{ij}(H_{ij}) = \beta_0 \mathrm{e}^{-\gamma H_{ij}^2} \tag{6-24}$$

结合萤火虫个体编码的特点，针对个体编码我们设计了两步更新策略，即 β 更新和 α 更新。

1. β 更新

在标准萤火虫算法中，β 指的是萤火虫之间的相对吸引度，是萤火虫全局寻优的动力。假设萤火虫个体 X_i 、X_j 的绝对亮度(或适应度函数值)分别为 fitness(X_i)、fitness(X_j)，任务分配部分分别是 T_i^{A} 和 T_j^{A} ，且有 fitness(X_i)>fitness(X_j)，则萤火虫 X_j 应该朝着 X_i 移动，X_j 的任务分配部分 T_j^{A} 的更新步骤如下。

步骤 1：计算萤火虫 X_i 和 X_j 的海明距离 H_{ij} ，并找到 X_i 和 X_j 中对应相等的元素。

步骤 2：由公式 $\beta_{ij}(H_{ij}) = \beta_0 \mathrm{e}^{-\gamma H_{ij}^2}$ 计算 X_i 对 X_j 相对吸引度，记为 β_{ij} 。

步骤 3:对于 X_i 和 X_j 中每一个不对应相等的元素 t^a ,取随机数 r ,若 $r < \beta_{ij}$,则 t^a 取 X_i 对应元素的值;若 $r \geqslant \beta_{ij}$,则取 X_j 本身对应元素的值。

在进行 β 更新后,萤火虫个体 X_j 的任务排序部分 T_j^S 可能会变成非法解,因为 T_j^S 部分是重复三次对目标进行排序(以编号代替),所以每个目标都会且仅会出现三次,在 β 更新后,某些目标出现次数可能会少于 3 次,也有可能多于三次,这样的编码是不合理的,因而需要对萤火虫个体进行修正。修正方法如下:

1)令 $S_1 = T_j^S$, $S_2 = T_i^S$, $L = \text{length}(S_1)$, $p = 1$, $q = 1$, L 取萤火虫个体任务排序部分长度,即任务总数;

2)找到 S_2 中第一个等于 $S_1(p)$ 的元素的索引值 p_1 ,令 $S_1(p) = 0$, $S_2(p_1) = 0$;

3) $p = p + 1$,若 $p \leqslant L$,则执行 2),否则执行 4);

4)若 $S_1(q)$ 不等于 0,则在 S_2 找到第一个非零元素的位置索引 p_2 ,令 $S_1(q) = S_2(p_2)$, $S_2(p_2) = 0$;

5) $q = q + 1$,若 $q \leqslant L$,则执行步骤 4),否则结束。

2. α 更新

在萤火虫算法中, α 为步长因子,其作用是帮助萤火虫个体在其周围进行小范围的随机扰动。在对萤火虫个体进行 β 更新后,对更新后个体的任务分配部分采用随机扰动的 α 更新,其目的是使得算法具有一定的局部随机搜索能力,更新公式如下:

$$t_i^a = \text{int}[t_i^a + \alpha(\text{rand} - 1/2)] \tag{6-25}$$

式中, t_i^a 表示萤火虫任务分配部分某个元素的值, int 是对参数取整操作, rand 为随机因子。

在 α 更新后,萤火虫个体的任务分配部分同样可能出现非法解,因为任务分配部分的每个位都代表一个固定的任务,而每个任务都关联着可选无人系统集合 U_{jh} (以编号表示), α 更新可能会使得某些元素的取值超出该集合,所以有必要对更新后的编码进行非法修正。修正方法为对每一位元素进行可行性判断:若元素的值在其取值范围内,则不修正;若超出取值范围,则以与之最靠近的边界值代替。

四、萤火虫个体重构

为了进一步加强种群中萤火虫个体间的信息沟通,使萤火虫算法不至于过早陷入局部最优解,引入差分进化算子,通过变异、交叉和选择三种操作来实现萤火虫之间的合作与竞争。

1. 变异操作

在差分进化算法中,变异操作是使用随机元素进行改变或扰动。传统的差分进化算法变异公式为

$$V_i^{(t)} = X_i^{(t)} + F(X_{r1}^{(t)} - X_{r2}^{(t)}) \tag{6-26}$$

式中 $V_i^{(t)}$ ——变异后的萤火虫个体;

$X_i^{(t)}$ ——变异前的萤火虫个体;

F ——缩放因子,经验取值为 $0.4 \leqslant F \leqslant 1$;

$X_{r1}^{(t)}$, $X_{r2}^{(t)}$ ——在萤火虫种群中随机选取的两个独立个体。

由于差分进化算法采用的是贪婪选择策略,且在变异时使用固定的缩放因子 F ,因此如果用于产生扰动的差分向量 $X_{r1}^{(t)} - X_{r2}^{(t)}$ 很小,即当个体 $X_{r1}^{(t)}$ 和 $X_{r2}^{(t)}$ 非常接近时,种群收敛到一个很小的范围时,萤火虫个体便不会对搜索空间中更好的位置区域进行探索,算法容易陷于次优解。为了避免该问题,我们采用基于“局部邻域变异”和“全局邻域变异”的改进差分进化算法对萤火虫个体的任务分配部分进行变异操作。

“局部邻域变异”是指每个萤火虫个体只使用其较小邻域中的最优个体进行变异操作，变异公式为

$$L_i^{(t)} = X_i^{(t)} + \alpha_c(X_{\text{n\_best}}^{(t)} - X_i^{(t)}) + \beta_c(X_p^{(t)} - X_q^{(t)}) \tag{6-27}$$

式中　$L_i^{(t)}$ ——变异后的萤火虫个体；

$X_{\text{n\_best}}^{(t)}$ —— $X_i^{(t)}$ 邻域中的最佳萤火虫个体；

$X_p^{(t)}$ ，$X_q^{(t)}$ ——随机选取的邻域个体；

α_c ，β_c ——局部缩放因子，可以取 $\alpha_c = \beta_c = F$ ，经参考相关文献我们将 F 取值为 0.85。

“全局邻域变异”中，每个萤火虫个体使用当前代中的全局最优个体进行变异，变异公式为

$$g_i^{(t)} = X_i^{(t)} + \alpha_g(X_{\text{best}}^{(t)} - X_i^{(t)}) + \beta_g(X_{r1}^{(t)} - X_{r2}^{(t)}) \tag{6-28}$$

式中　$g_i^{(t)}$ ——原萤火虫个体 $X_i^{(t)}$ 在第 t 次迭代时变异后的新个体；

$X_{\text{best}}^{(t)}$ ——第 t 次迭代时整个萤火虫种群的最优个体；

α_g ，β_g ——基于固定缩放因子 F 的抖动缩放因子，其值由下式得到：

$$\alpha_g = \beta_g = 0.000\,1\ \text{rand} + F \tag{6-29}$$

将“局部邻域变异”和“全局邻域变异”通过加权结合起来，得到最终的变异算子如下：

$$V_i^{(t)} = \omega_g g_i^{(t)} + (1 - \omega_g) L_i^{(t)} \tag{6-30}$$

对于萤火虫个体的任务排序部分，采用基于邻域搜索的变异方法，其操作步骤如下：

步骤 1：在萤火虫个体的任务排序部分随机选择 r 个位，并生成其排序的所有邻域；

步骤 2：计算所有邻域的适应度函数，从中选出最佳萤火虫个体作为子代，并代替原来的个体。

2. 交叉操作

为了提高萤火虫种群的多样性，通过变异操作产生变异个体后需要进行交叉操作。为了能够更好地平衡差分算子的全局搜索能力与局部搜索能力，参考有关文献，采用随迭代次数指数递增的交叉概率因子，即

$$C^r = C_{\min}^r + (C_{\max}^r - C_{\min}^r) \times \exp[-a \times (1 - t/T)^b] \tag{6-31}$$

式中　C^r ——交叉概率因子；

$C_{\min}^r$ ，$C_{\max}^r$ ——最小交叉率和最大交叉率，取 $C_{\min}^r = 0.4$ ，$C_{\max}^r = 0.6$ ；

T ——设定的最大迭代次数；

t ——当前迭代次数。

其中，$a = 40$ ，$b = 4$ 。交叉操作得到的新个体 $U_i^{(t)}$ 的取值为

$$u_{i,j}^{(t)} = \begin{cases} v_{i,j}^{(t)}, & \text{rand} \leqslant C^r \text{ 或 } j = j_{\text{rand}} \\ x_{i,j}^{(t)}, & \text{其他} \end{cases} \tag{6-32}$$

3. 选择操作

在选择操作前，需要对新个体进行非法解修正，从而保证新个体经变异和交叉后获得的任务分配方案是有效可行的。

为了保持后代种群数量的稳定，也为了种群进化朝着更优的方向进行，萤火虫算法中采用贪婪策略进行选择，在原始个体 $X_i^{(t)}$ 和经变异、交叉操作后得到的新个体 $U_i^{(t)}$ 间选择适应度函数值更优的个体保留到下一代。选择操作可以表示为

$$X_i^{(t+1)} = \begin{cases} U_i^{(t)}, & \text{fitness}(U_i^{(t)}) > \text{fitness}(X_i^{(t)}) \\ X_i^{(t)}, & \text{fitness}(U_i^{(t)}) \leqslant \text{fitness}(X_i^{(t)}) \end{cases} \tag{6-33}$$

五、特殊耦合约束的处理

耦合任务中的时序关系约束可以通过萤火虫个体的编码方式来进行约束，对于特殊耦合约束无法体现，我们引入矩阵 $\boldsymbol{T}^{s} \in R_{3N\times 3N}$ 来表示目标或任务间存在的特殊耦合约束关系。T_{ij}^{s} 表示任务 i 与任务 j 的特殊耦合约束，其取值规则为

$$T_{ij}^{s}=\begin{cases}\infty, & \text{Task}_i \text{ 和 Task}_j \text{ 不存在特殊耦合约束}\\ 0, & \text{Task}_i \text{ 和 Task}_j \text{ 存在同时约束}\\ 1, & \text{Task}_i \text{ 必须在 Task}_j \text{ 被执行前执行}\\ -1, & \text{Task}_i \text{ 必须在 Task}_j \text{ 被执行后执行}\end{cases} \tag{6-34}$$

为了满足任务之间的特殊耦合约束关系，在对萤火虫个体进行解码后计算目标函数时，对每个无人系统任务序列中的任务需要判断与其存在特殊耦合约束的任务的分配情况，如果不满足要求需要进行调整。同时，由于无人系统在同一时刻只能执行一个任务，这就要求不能将具有同步时序约束的任务添加到同一个无人系统的任务序列中。算法迭代过程中若发现某无人系统的任务序列中包含具有同步时序约束的两个任务，则在下一代群体的选择过程中直接抛弃掉该萤火虫个体。

六、萤火虫个体解码和目标函数的计算

个体解码运算是编码运算的逆运算，将编码得到的数据通过一定的方式转换成所研究问题的解决方案，进而计算出目标函数值，并通过目标函数的数值大小评判当前解的优劣。

在任务分配部分，从左到右依次读取每一位的数据，数据表示无人系统的编号，每读取一位，将该位所代表的任务添加到该位分配的无人系统任务集中，最终得到各无人系统的任务分配集合。

在任务排序部分，每一位的数字代表目标的编号，由于每个目标有三种任务，因而每个目标编号会出现 3 次，依次表示为确认任务、攻击任务和毁伤评估任务。任务排序部分出现的顺序即为任务的执行顺序，也就是每个无人系统的任务执行顺序。

综上所述，萤火虫个体的解码步骤如下：

步骤 1：对任务分配部分进行解码。

1）初始化各无人系统的任务集合为空集，即 $\text{TaskSequence}_i=\varnothing$；

2）从左至右依次读取第 k 位（$k=1,2,\cdots,3N$）上的值 i，通过 $j=\text{fix}(i/3)+1$ 和 $h=\text{mod}(i/3)$ 分别得到 j 和 h 的值，将 Task_{jh} 加入 TaskSequence_i 中；

步骤 2：对任务排序部分进行解码。

1）从左至右依次读取第 k 位（$k=1,2,\cdots,3N$）上的值 j，每个 j 代表的是目标 T_j 上的一个任务，若 j 是第 h 次出现，则表示 Task_{jh}。当 $k=3N$ 时得到所有任务的排列顺序 TaskS；

2）将 TaskSequence_i 根据 TaskS 重新排列任务顺序，当 Task_{jh} 和 Task_{kl} 都在 TaskSequence_i 中时，将两者按照 TaskS 中的先后顺序重新排列。

步骤 3：输出各无人系统的任务执行序列 TaskSequence_i。

在对萤火虫个体解码后，可以得到每个无人系统的任务执行序列 TaskSequence_i。任务分配问题中采用的目标函数为所有无人系统最大航程的最小化值，有了任务序列后采用下式计算无人系统的任务航程：

$$\text{Voy}_i=v_i\times wT_{\text{TaskSequence}}+\text{dis}(\text{TaskSequence}_i,\text{BP}),i=1,2,\cdots,M$$

式中　$wT_{\text{TaskSequence}}$——无人系统 U_i 在执行所分配任务序列中间的任务等待时间；

$\text{dis}(\text{TaskSequence}_i,\text{BP})$——无人系统 U_i 从基地 BP 出发，执行完任务序列到返回基地的欧氏距离，即任务航程。

七、算法流程图

改进后的萤火虫算法程序流程图如图 6.4 所示。

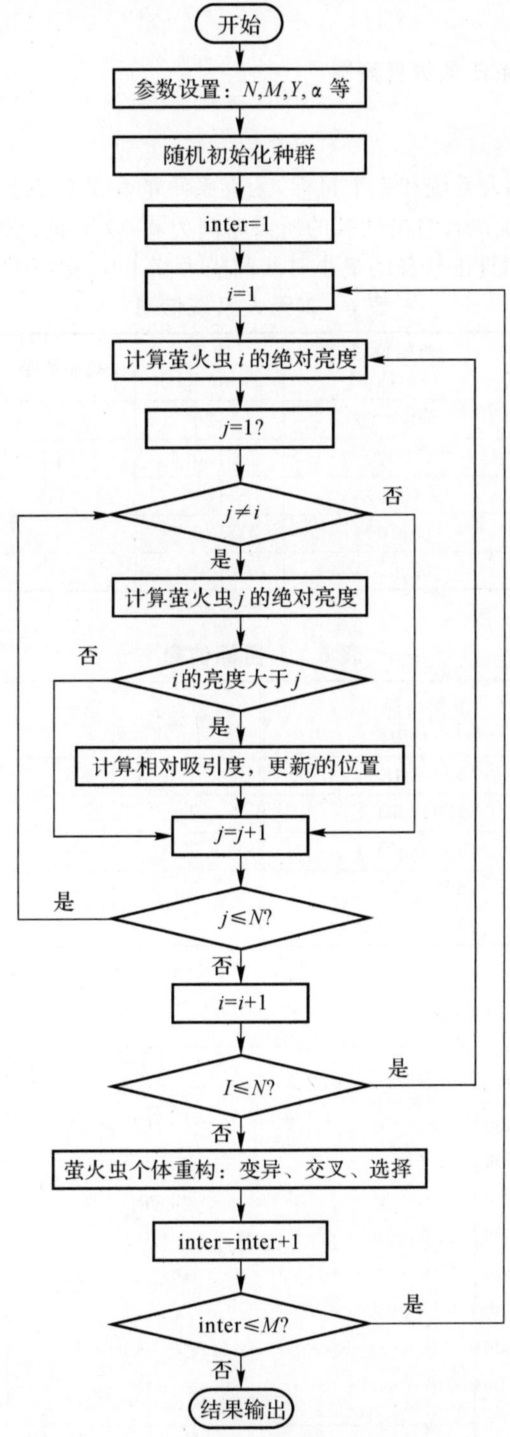

图 6.4　萤火虫算法程序流程图

6.3 仿真实验分析

6.3.1 时间耦合约束任务仿真案例

一、任务场景设定

任务场景中有 5 个无人系统和 9 个目标，无人系统的相关信息如表 6-2 所示，目标信息如表 6-3 所示。无人系统执行打击任务的所需时间为 0.05 h，执行毁伤评估任务所需的时间为 0.1 h，毁伤评估任务和打击任务的最小时间间隔为 0.1 h，最大时间间隔为 0.5 h。

表 6-2 无人系统信息

编号	类型	初始位置 (km,km)	速度 km/h	武器数量	最大任务航程 km
U_1	A 型	(0,200)	120	6	5 000
U_2	A 型	(100,0)	120	6	5 000
U_3	C 型	(0,0)	120	4	5 000
U_4	B 型	(0,100)	120	—	5 000
U_5	B 型	(200,0)	120	—	5 000

表 6-3 目标信息

目标编号	位置坐标 (km,km)	目标编号	位置坐标 (km,km)
T_1	(300,300)	T_6	(600,200)
T_2	(200,600)	T_7	(850,350)
T_3	(400,800)	T_8	(900,650)
T_4	(650,850)	T_9	(700,600)
T_5	(500,500)	—	—

初始任务场景如图 6.5 所示。

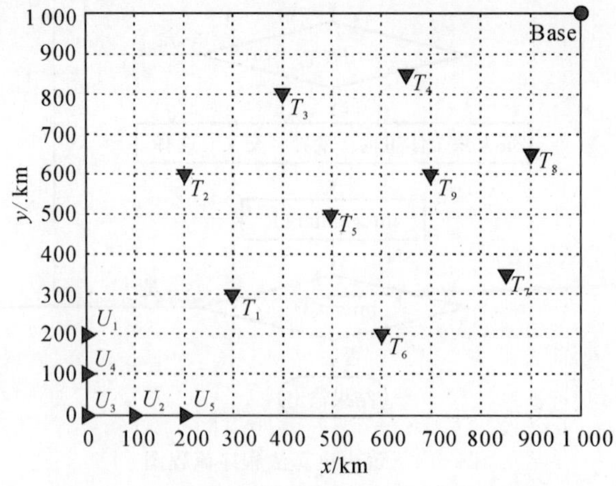

图 6.5 初始任务场景

二、仿真结果及分析

基于以上任务场景想定，采用改进的萤火虫算法进行求解，设定萤火虫的种群规模 $n=50$，最大迭代次数为 100 次，$\beta_0=1$，$\alpha=0.5$，$\omega_g=0.4$，个体变异时的邻域范围为 5。算法输出最优任务分配结果见表 6－4，各任务被执行时刻见表 6－5，图 6.6 为任务分配结果的甘特图。

表 6－4　无人系统任务执行序列及任务航程最优任务分配结果

无人系统编号	任务序列	飞行航程/km
U_1	6－2－5－7	2 535.8
U_2	1－8	1 425.2
U_3	1－3－3－9－4－4	2 008.5
U_4	6－2－5	2 243
U_5	8－9－7	2 577.8

注：最优分配结果为[2 3 1 4 3 3 3 3 1 4 1 4 1 5 2 5 3 5 6 1 1 3 2 6 5 7 2 3 9 8 8 9 5 4 7 4]。

表 6－5 任务执行时刻表

目标编号	打击时刻	毁伤评估时刻	目标编号	打击时刻	毁伤评估时刻
T_1	3.004 6	3.535 5	T_6	5.000 0	5.150 0
T_2	9.764 0	9.964 0	T_7	15.672 5	15.822 5
T_3	7.884 7	8.034 7	T_8	8.843 1	8.993 1
T_4	13.313 9	13.463 9	T_9	11.139 3	11.289 3
T_5	12.449 3	12.699 3	—	—	—

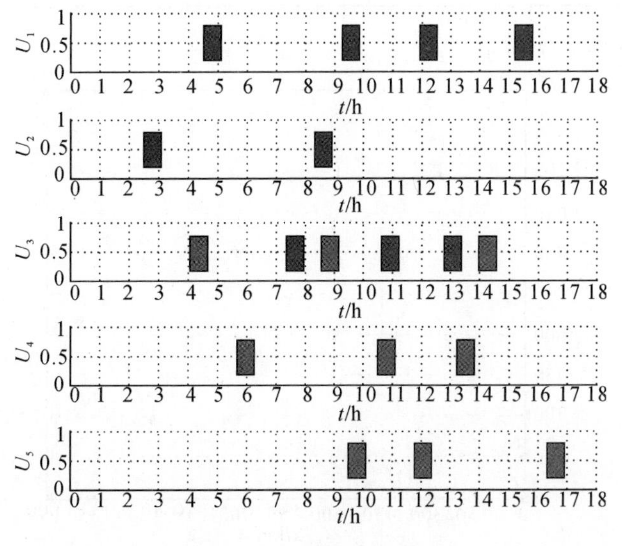

图 6.6　任务分配甘特图

由表 6-4 可以看出，萤火虫算法输出的分配结果中各无人系统的资源约束和航程约束是完全满足要求的，由表 6-5 可以看出，各目标的打击与评估任务是满足任务间的时间耦合约束的。

6.3.2 特殊耦合约束任务仿真案例

一、任务场景设定

任务场景中有 7 个无人系统和 10 个目标，无人系统初始位置信息见表 6-6，目标信息见表 6-7，无人系统执行任务的侦察确认所需时间为 0.05 h，执行打击任务的所需时间为 0.1 h，执行毁伤评估任务所需的时间为 0.15 h，毁伤评估任务和打击任务的最小时间间隔为 0.1 h，最大时间间隔为 0.5 h。

表 6-6 无人系统初始信息

编号	类型	初始位置 (km,km)	速度 km/h	武器载荷	最大航程 km
U_1	B 型	(0,400)	120	—	5 000
U_2	B 型	(0,150)	120	—	5 000
U_3	B 型	(150,0)	120	—	5 000
U_4	B 型	(400,0)	120	—	5 000
U_5	C 型	(0,0)	120	4	5 000
U_6	A 型	(0,300)	120	6	5 000
U_7	A 型	(300,0)	120	6	5 000

表 6-7 目标信息

编号	坐标位置 (km,km)	目标编号	坐标位置 (km,km)
T_1	(600 ,600)	T_6	(1 300,950)
T_2	(350 ,900)	T_7	(1 400,650)
T_3	(520,1 250)	T_8	(900 ,300)
T_4	(800,1 400)	T_9	(1 250,480)
T_5	(1 150,1 150)	T_{10}	(900 ,900)

初始任务场景如图 6.7 所示。

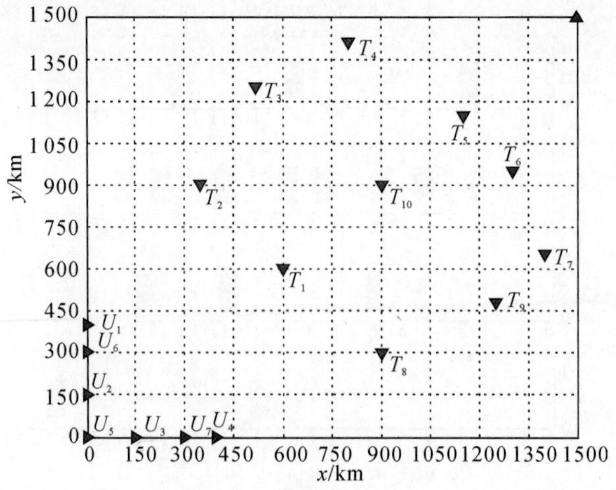

图 6.7 初始任务场景

假设为了某种战术考虑，任务之间具有以下的特殊耦合约束关系：

1)目标 T_1 和目标 T_8 需要同时被侦察确认；

2)目标 T_4 和目标 T_{10} 需要同时被打击；

3)目标 T_6 需要在目标 T_5 被确认之前进行毁伤评估。

设定任务同步时序约束的时间间隔：inter＝0.5 h，则以上特殊耦合约束可以表示为

$$|T^{s}_{T_{11}} - T^{s}_{T_{81}}| \leqslant 0.5\ \text{h}$$

$$|T^{s}_{T_{42}} - T^{s}_{T_{102}}| \leqslant 0.5\ \text{h}$$

$$T^{e}_{T_{63}} \leqslant T^{s}_{T_{51}}$$

二、仿真结果及分析

基于以上任务场景想定，采用改进的萤火虫算法进行求解，设定萤火虫的种群规模 $n=50$，最大迭代次数为 100 次，$\beta_0=1$，$\alpha=0.5$，$\omega_g=0.4$，个体变异时的邻域范围为 5。算法输出的最优分配方案以及各无人系统的任务序列见表 6－8，各任务的执行时刻见表 6－9。

表 6－8　各无人系统任务执行序列及航程最优分配结果

无人系统编号	任务序列	飞行航程/km
U_1	10－15	3 444.4
U_2	1－3－27－12	3 806.5
U_3	22－28－25－21－30－7	4 600.6
U_4	24－18－13	3 402.4
U_5	4－6－16－19－17－29－8－9	4 642.6
U_6	23－2－26－11	3 764.5
U_7	5－20－14	3 414.4

注：最优分配方案为[2 6 2 5 7 5 3 5 5 1 6 2 4 7 1 5 5 4 5 7 3 3 6 4 3 6 2 3 5 3 8 10 2 1 4 8 2 2 6 7 6 10 1 8 9 6 9 7 7 5 10 5 1 4 3 3 9 5 4 3]。

表 6－9 目标各任务执行时刻

目标编号	确认时刻	打击时刻	毁伤评估时刻
T_1	6.25	11.14	11.34
T_2	8.05	8.10	8.30
T_3	29.86	29.91	30.11
T_4	10.67	25.38	25.68
T_5	24.18	24.23	24.43
T_6	16.37	21.75	21.95
T_7	19.06	19.11	19.31
T_8	6.73	7.50	7.70
T_9	16.39	16.74	16.99
T_{10}	11.78	25.20	25.40

由表 6 - 9 可以看出，目标 T_1 和目标 T_8 分别在 $t=6.25$ h 和 $t=6.73$ h 时被无人系统 U_1 和无人系统 U_3 确认，满足目标 T_1 和目标 T_8 同时被侦察确认的特殊耦合约束；目标 T_4 和目标 T_{10} 分别在 $t=25.38$ h 和 $t=25.20$ h 时被无人系统 U_6 和无人系统 U_5 打击，满足二者被同时打击的特殊耦合约束；目标 6 在 $t=21.95$ h 时被无人系统 4 执行毁伤评估任务，目标 5 在 $t=24.18$ h时被无人系统 U_4 确认，满足目标 T_6 在目标 T_5 被确认之前执行毁伤评估任务的优先级约束。此外，根据表 6 - 4 和表 6 - 5 的分配结果可以看出，任务分配结果同样满足时间耦合约束及其他约束。仿真结果表明，萤火虫算法能够有效地解决同时存在特殊耦合约束和时间耦合约束的多无人系统协同任务分配问题。

图 6.8 所示为最优分配方案下的任务甘特图。

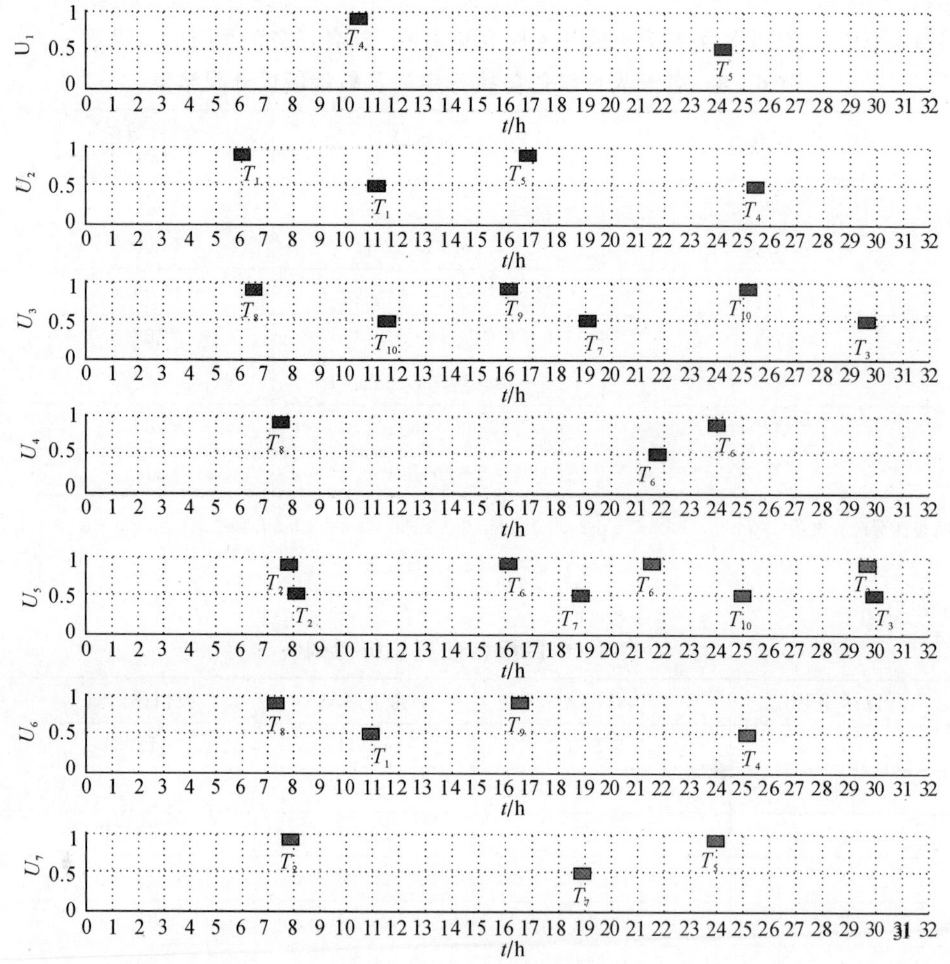

图 6.8 任务分配甘特图

为了验证算法的收敛性能，我们输出了算法的迭代收敛过程曲线，如图 6.9 所示。

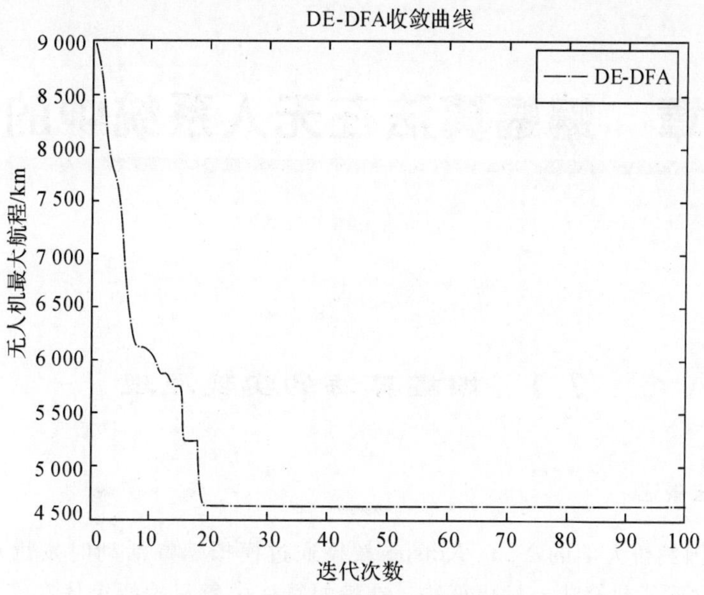

图 6.9　萤火虫算法迭代收敛曲线

第7章　蝙蝠算法在无人系统中的应用

7.1　蝙蝠算法的实现原理

7.1.1　算法概述

2010年，英国剑桥大学的 Yang Xinshe 教授通过模拟蝙蝠活动时发出回声并定位的行为，提出了元启发式优化算法－蝙蝠算法。在蝙蝠算法中每只蝙蝠个体在搜索空间中的位置代表了问题的一个解，蝙蝠种群随机分布在搜索空间中，应用在不同的领域，蝙蝠个体对应于不同的适应度函数，若每只蝙蝠的位置为 $x_i(i=1,2,\cdots,N)$，蝙蝠个体在位置 x_i 处发出频率为 f_i、强度为 A_0 的超声波搜索猎物，确定目标后，蝙蝠个体以速度 v_i 向猎物飞行。并根据猎物与自己的距离实时调整飞行速度、声波强度和脉冲发射频率，逐渐向猎物靠近，最终成功捕食猎物。

与经典的蚁群算法、粒子群算法等相比，蝙蝠算法的寻优过程更为简洁，参数较少，具有更好的收敛性能。蝙蝠算法不仅全局搜索能力强，而且收敛速度快，在很多优化领域都取得了很好的应用效果。

7.1.2　蝙蝠算法的数学描述

为简单起见，蝙蝠算法使用了以下近似或理想化的规则：

1)所有蝙蝠都使用回声定位来感测相互之间的距离，并且它们也能以某种方式感知食物/猎物与环境之间的差异。

2)蝙蝠在位置 x_i 处以速度 v_i 飞行，通过发射固定频率为 f_{min}、波长为 λ 且强度为 A_0 的超声波来搜捕猎物，蝙蝠个体根据与目标的接近程度自动调整其发射超声波的波长(或频率)并调整脉冲的发射率 $r\in[0,1]$。

3)蝙蝠个体发射超声波的强度能够以多种方式进行变化，假设超声波强度的最小值为 A_{min}，最大值为 A_0。

除了上述假设以外，通常还设定蝙蝠个体发射的超声波频率 f 在$[f_{min},f_{max}]$范围内，对应的波长 λ 在$[\lambda_{min},\lambda_{max}]$范围内。在蝙蝠算法的实际实现中，可以通过调整波长(或频率)来调整参数范围，通常应该选择最大波长与所研究问题目标域的大小相匹配的范围。有时候也不一定要使用波长本身，可以在固定波长 λ 的同时改变发射频率 f，这里设定 $f\in[0,f_{max}]$。超声波发射速率可以简单地设定在[0,1]的范围内，其中0表示完全没有超声波，而1表示最大超声波发射速率。

在以上三个理想化假设的基础上，蝙蝠算法首先随机产生初始化解，然后通过迭代搜索最优解，在搜索最优解的过程中不断加强局部搜索，通过随机飞行在最优解附近产生局部解，最终找到全局最优解。蝙蝠算法主要由全局搜索部分和局部搜索部分所组成。

一、蝙蝠算法的全局搜索

在一个 d 维的搜索空间中，定义蝙蝠个体具有相应的位置 x_i 和速度 v_i。已知第 i 个蝙蝠在 $t-1$ 代中的位置 $x_i^{(t-1)}$ 和速度 $v_i^{(t-1)}$，则第 t 代中的相应信息由如下公式计算：

$$f_i = f_{\min} + (f_{\max} - f_{\min})\beta \tag{7-1}$$

$$v_i^{(t)} = v_i^{(t-1)} + (x_i^{(t)} - x_*)f_i \tag{7-2}$$

$$x_i^{(t)} = x_t^{(t-1)} + v_i^{(t)} \tag{7-3}$$

式中　β——服从均匀分布的随机向量，$\beta \in [0,1]$。

f_i——表示第 i 只蝙蝠个体的当前超声波频率，$i=1,2,\cdots,\mathrm{N}$。

$f_{\min}, f_{\max}$——表示蝙蝠个体发出超声波频率的最小值和最大值。

$x_i^{(t)}, v_i^{(t)}$——分别表示在搜索空间中第 i 只蝙蝠在第 t 代中的位置和速度。

x^*——表示当前代蝙蝠种群中适应度值最优的位置。

二、蝙蝠算法的局部搜索

对于局部搜索部分，一旦蝙蝠种群从当前最佳解决方案中选择了一个解决方案，它就会使用随机游走策略为每个蝙蝠个体生成下一代的新个体位置，更新公式为

$$x_{\mathrm{new}} = x_{\mathrm{old}} + \varepsilon A^{(t)} \tag{7-4}$$

式中　ε——$[-1,1]$上的一个随机数。

x_{old}——在当前最优解中随机选取的一个解。

$A^{(t)}$——表示第 t 代中所有蝙蝠发出超声波强度的平均值，$A^{(t)} = \langle A_i^{(t)} \rangle$。

算法中蝙蝠个体发出的超声波强度 A_i^t 和脉冲发射频率 r_i 在每一次迭代过程中进行更新，通常在蝙蝠寻找到猎物后，超声波的强度会逐渐减低，同时脉冲发射频率会逐渐提高。超声波强度和脉冲发射频率的更新公式如下：

$$A_i^{(t+1)} = \alpha A_i^{(t)} \tag{7-5}$$

$$r_i^{(t+1)} = r_i^0[1 - \exp(-\gamma t)] \tag{7-6}$$

式中，α, γ 为设定的常数值。α 类似于模拟退火算法中冷却进程表中的冷却因子。对于任何 $0<a<1$和 $y>0$ 的值，由如下约定：当 $t\to\infty$时，$A_i^{(t)} \to 0, r_i^{(t)} \to r_i^0$。

通常，蝙蝠个体的超声波强度初始值 A_i^0 可以设置在$[1,2]$之间，脉冲发射频率初始值 r_i^0 一般在 0 值附近或者是$[0,1]$之间均匀分布的随机数。

三、蝙蝠算法的处理流程

蝙蝠算法的具体应用流程如下：

步骤 1：设定蝙蝠算法的种群数量 N，蝙蝠超声波频率的最小值 $f_{\min}$和最大值 $f_{\max}$，随机初始化蝙蝠种群中的每一个个体，包括蝙蝠个体的位置 x_i，速度v_i，超声波强度A_i^0 以及脉冲发射频率r_i^0。

步骤 2：根据目标函数 $f(\boldsymbol{x})$，$\boldsymbol{x}=[x_1 \quad x_2 \quad \cdots \quad x_N]^{\mathrm{T}}$，求出每只蝙蝠个体的目标函数值（适应度值），比较每只蝙蝠个体的适应度值，找出当前种群中的最优解。并记录最优解蝙蝠的

位置为x_*。

步骤 3：更新种群中每一个蝙蝠个体的速度v_i和位置x_i，$i=1,2,\cdots,N$。

步骤 4：产生[0,1]均匀分布随机数 rand，如果 rand$>r_i$，则利用公式在当前代最优解附近产生一个局部新解。

步骤 5：产生[0,1]均匀分布随机数 rand，如果 rand$<A^{(t)}$并且$f(x_i)<f(x_*)$，则将步骤 4 产生的新解记为当前代中最优解。然后更新蝙蝠个体新超声波强度A^t和脉冲发射频率r_i。

步骤 6：对种群中蝙蝠个体的适应度值进行排序，找出当前代中的最优值x_*。

步骤 7：重复步骤 2～步骤 6 的迭代过程，直到求出满足精度要求的解或算法达到设定的最大迭代次数。

步骤 8：输出全局最优解。

蝙蝠算法的程序流程如图 7.1 所示。

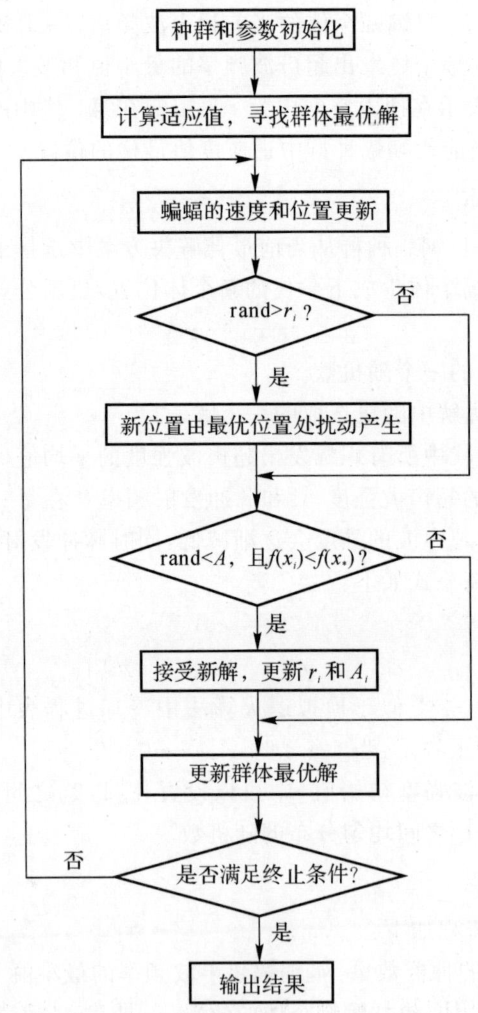

图 7.1　蝙蝠算法的程序流程图

7.2　基于蝙蝠算法的无人系统协同任务联盟组建问题

7.2.1　协同任务联盟组建问题概述

随着各类载荷技术的发展，无人系统在区域监视、搜索与救援、边境巡逻、火灾监控、目标搜索与摧毁、管道监控、通信中继等众多领域中得到更广泛、深入的应用。通常，这些任务可以由单个无人系统来执行，但在这种情况下，完成任务需要花费更多的时间，并且系统对故障的鲁棒性也不强。为了提高无人系统完成任务的鲁棒性并提高任务完成效能，通常需要部署更多的无人系统来执行任务。

在任务分配问题中，如果事先能够知道目标信息（如位置和资源）和无人系统的信息，则可以使用传统的优化技术来解决这类任务分配问题。但是在现实的任务场景中，无人系统传感器探测范围、通信范围、通信延迟、运动学等等限制以及任务载荷资源的有限性等都会导致任务分配变得非常复杂且具有挑战性。对于任务场景中出现的突发任务，在单个无人系统无法完成时，就需要组建相应的任务联盟来协同完成任务。通常，无人系统集群执行任务时，在一架无人系统首次发现某个目标后，会发起针对这个目标的任务联盟组建，其自身会成为联盟领袖（coalition leader），其他参与到该联盟的无人系统则称为联盟成员（coalition member）。有关文献已经证明，任务联盟的组建问题属于 NP-hard 问题。任务联盟组建问题如图 7.2 所示。

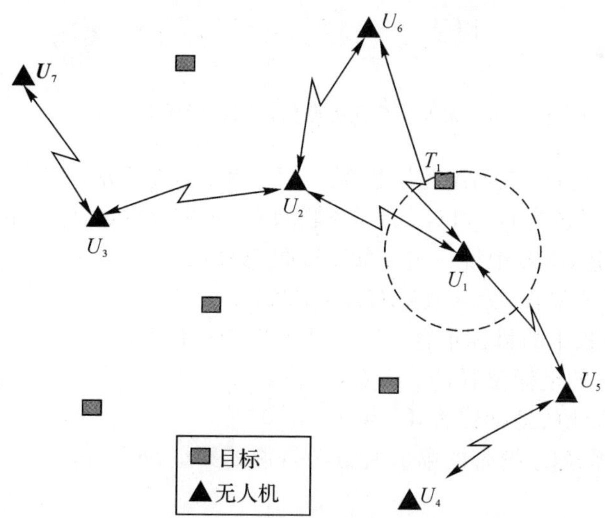

图 7.2　任务联盟组建示意图

图 7.2 中，在任务场景中的某一时刻，无人系统 U_i 通过自身传感器探测到目标 T_i，但是 U_i 自身资源无法满足对目标 T_i 执行任务的资源需求，此时，无人系统 U_i 通过局部通信网络发布任务信息，然后成功组建了包含无人系统 U_i，U_2 及 U_7 的任务执行联盟，协同完成对目标 T_i 的相关任务。

7.2.2 无人系统协同任务联盟组建问题建模

一、场景描述

假设二维平面任务区域内，从某基地起飞的 M 架无人系统组成集群对该区域内的 N 个未知信息的目标进行搜索打击任务，每架无人系统都携带有一定种类和数量的任务载荷。当某个无人系统在某一时刻搜索到了目标时，它可以通过自身的传感器确认该目标的位置信息以及打击该目标所需要的资源信息。在判断自身资源无法满足任务需求的情况下，该无人系统将该任务发布到集群内部，采用招标-投标机制进行任务分配，寻找到满足任务需求的无人系统集合来组建任务联盟，并在各无人系统任务载荷资源、续航时间等约束条件下，合理规划各无人系统所执行的任务，使得在联盟内各联盟成员所拥有的资源总和满足任务需求的情况下达到联盟收益最大化。在不考虑敌方威胁及无人系统动力学约束条件下，任务联盟组建问题如图 7.3 所示。

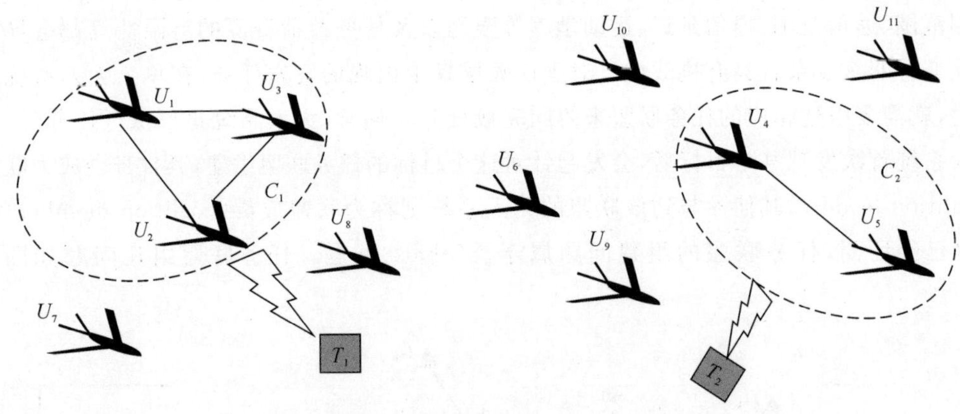

图 7.3 无人系统任务联盟协同执行任务示意图

图 7.3 中，无人系统 U_2 成功组建了包含 U_2，U_1 和 U_3 的任务联盟 C_1 来执行目标 T_1 的任务，无人系统 U_5 组建了包含 U_5 和 U_4 的任务联盟 C_2 来执行目标 T_2 的相关任务。

为便于问题的描述，本章中统一定义如下变量符号：

1) U—— 无人系统集合，$U=\{U_1,U_2,\cdots,U_M\}$；

2) T—— 任务场景中的目标集合，$T=\{T_1,T_2,\cdots,T_N\}$；

3) T_j—— 目标 j 的坐标位置，$T_j=(x_j,y_j)$；

4) U_i—— 无人系统的坐标位置，$U_i=(x_i,y_i)$；

5) B_i^{U}—— 无人系统U_i 携带的第 p 种载荷资源的数量，$p=1,2,\cdots,k$，$B_i^{\mathrm{U}}=(b_{i1}^{\mathrm{U}},b_{i2}^{\mathrm{U}},\cdots,b_{ip}^{\mathrm{U}},\cdots,b_{ik}^{\mathrm{U}})$；

6) B_j^{T}—— 打击目标 U_j 时需要的第 p 种载荷资源的集合，$B_j^{\mathrm{T}}=(b_{j1}^{\mathrm{T}},b_{j2}^{\mathrm{T}},\cdots,b_{jp}^{\mathrm{T}},\cdots,b_{jk}^{\mathrm{T}})$，其中 $p=1,2,\cdots,k$；

7)R——用于无人系统携带及打击目标的共 k 种类型的载荷资源集合，$R=\{1,2,\cdots,k\}$；

8) C_j—— 针对目标 T_j 形成的任务联盟，联盟内成员数量为 x_{C_j}。

二、任务联盟组建流程

在无人系统集群内部，根据发现目标 T_j 的无人系统 U_i 自身载荷资源状况，任务联盟组建问题存在如下两种情况。

(1)联盟领袖 U_i 携带的载荷资源足够打击目标T_j，即$b_{ip}^{U} \geqslant b_{jp}^{T}$，$\forall p \in R$，此时$U_i$ 不进行与其他无人系统的协商，独自执行对于目标T_j 的打击任务，直接规划其执行任务路线。

(2)联盟领袖 U_i 携带的载荷资源不足以打击目标T_j，此时U_i 需要与其他无人系统进行合作来共同完成打击任务。首先，U_i 将目标信息发送给其他所有的无人系统U_m，$U_m \in U \setminus U_i$。U_m 收到U_i 发来的目标信息后，会将其自身载荷资源向量B_i^{U} 与打击目标T_j 所需载荷资源向量B_j^{T} 进行比较，如果$B_i^{U} \cap B_j^{T} \neq ?$，即自身携带对应的一种或多种载荷资源，则会对$U_i$ 做出回应。计算U_m 最晚到达目标T_j 的时间 T_{Am}^{e}，然后将 T_{Am}^{e} 和B_m^{U} 共同发送给联盟领袖U_i，等候其做出下一步指示。

联盟领袖 U_i 在接收到其他无人机发送过来的自身信息后，利用任务联盟组建算法构建任务联盟。如果一个任务联盟组建失败，联盟领袖 U_i 发送任务联盟组建失败广播，各无人系统继续执行其原来的任务；如果任务联盟组建成功，发送联盟组建成功广播，包含任务联盟成员信息。在任务联盟组建成功后，U_m 接收到来自 U_i 的广播，根据广播信息进行判断，如果自身被选中，则放弃当前执行的任务，参与到联盟 C_j 中，为自身规划打击任务航线；如果自身未被选中，继续执行当前任务。针对目标 T_j 的任务联盟组建流程如图 7.4 所示。

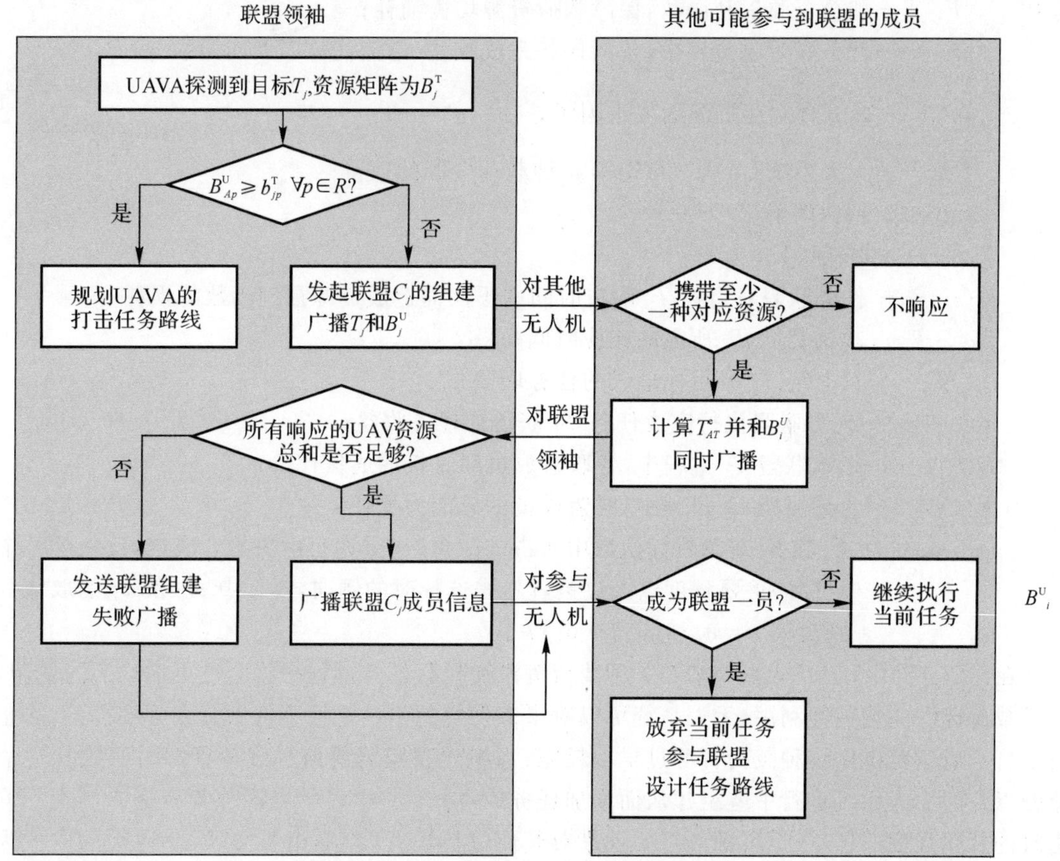

图 7.4　无人系统任务联盟组建流程图

B^{U}_{i}

三、目标函数

在实际的战场环境中，由于无人系统集群内存在载荷资源的限制以及通信范围的约束，每个无人系统只能与邻近范围内的其他无人系统进行通信，而无法进行全局通信。所以在组建任务联盟时，不仅需要考虑使任务联盟的收益最大化，而且还要尽可能保证载荷资源在集群内的均衡性存在，避免由于某些无人系统过度消耗载荷资源而无法有效参与联盟组建。因此我们引入了类似于经济学中的社会福利函数来平衡载荷资源在集群中的均衡性，同时考虑执行任务的联盟收益，因此，任务联盟组建的目标函数表示如下：

$$\max F = w_1 F_1 + w_2 F_2 \tag{7-7}$$

$$F_1 = \sum_{j=1}^{N}\left\{\sum_{p=1}^{n}\alpha^p\left[\frac{1}{M}\sum\nolimits_{i\in C_j}(b_{ip}^{\mathrm{U}})^{1-\varepsilon_p}\right]^{\frac{1}{1-\varepsilon_p}}\cdot\pi(\tau_j)\right\} \tag{7-8}$$

$$F_2 = \sum_{j=1}^{N} S(C_j) \tag{7-9}$$

$$S(C_j) = \mu_1 G(j) - \mu_1 Q(C_j) - \mu_1 P(C_j) \tag{7-10}$$

$$\pi(\tau_j) = \mathrm{e}^{-\beta\tau_j} \tag{7-11}$$

$$\tau_j = \max\{T_{Ai}^{\mathrm{e}} \mid i \in C_j\} \tag{7-12}$$

其中 F_1 ——载荷资源福利函数，保障载荷资源均衡消耗；

F_2 ——任务联盟收益函数，包括任务完成收益、通信代价以及能力损耗；

α^p ——第 p 种载荷资源的权重因子，$\sum_{p=1}^{n}\alpha^p = 1$；

b_{ip}^{U}—— 无人系统 U_i 所携带得第 p 种载荷资源的数量；

ε_p—— 惩罚因子，$\varepsilon_p > 0$；

β——损耗系数；

$\pi(\tau_j)$—— 任务联盟对目标 T_j 响应时间的不同而造成资源福利函数的损耗；

τ_j—— 攻击目标 T_j 所需的响应时间；

C_j——针对第 T_j 个目标形成的任务联盟；

$G(j)$—— 任务联盟执行完成任务 T_j 获得的任务收益；

$Q(C_j)$ ——形成联盟 C_j 过程中，各联盟成员间直接的通信代价；

$P(C_j)$ ——形成联盟 C_j 过程中，联盟成员的总能力损耗；

w_1, w_2—— F_1 和 F_2 在总目标函数中所占的权重；权重大小由决策者决定，反映了每个目标的重要程度以及决策者事先选择时的倾向，本章中 w_1 和 w_2 的取值分别为 $w_1 = 0.83, w_2 = 0.17$ 。

在式(7-8)中，α^p 越大意味着第 p 种载荷资源在执行任务过程中将会被更加均衡的使用，通过载荷资源的均衡性利用，无人系统可以对未来发生的不确定性事件做好充分的准备，防止由于自身通信范围内该种载荷资源过早消耗完，当组建联盟需要该种载荷资源时必须从通信范围以外的无人系统进行中继组建从而增加任务成本；参数 ε_p 表示当该种载荷资源使用不均衡时的惩罚强度，可以根据资源的重要性来对其值进行设置，参考相关文献，ε_p 通常的取值为 1.0，1.5，2.0 和 2.5。随着 ε_p 的增加，对资源使用不均衡的惩罚逐渐加强。

任务联盟组建问题中，由于目标函数是由载荷资源的福利函数和联盟收益函数共同构成的，属于多目标优化问题，对该类问题常变换为单目标问题进行处理，常用的方法有：线性加权法、交互规划法、Pareto 法等。我们在此选取线性加权法，其中线性加权的系数 w_1 和 w_2 的取值取决于决策者的个人倾向。

四、约束条件

在任务联盟组建问题中考虑的约束条件如下：

(1)针对每个目标最多进行一次任务联盟组建：

$$\sum_{i=1}^{M} C_j^i \leqslant 1 \text{ , } j = 1,2,\cdots,N \tag{7-13}$$

式中，C_j^i 表示由 U_i 发起的针对目标 T_j 的任务联盟。

(2)任务联盟成员提供的载荷资源不少于打击目标所需要的载荷资源：

$$\sum_{i \in C_j} b_{ip}^{\mathrm{U}} \geqslant b_{jp}^{\mathrm{T}}, \quad \forall p \in R \tag{7-14}$$

(3)每个任务联盟内的成员数量约束：

$$1 \leqslant |C_j| \leqslant M, \quad \forall j \in T \tag{7-15}$$

(4)每架无人系统的总航程不能超过其最大任务航程约束：

$$\mathrm{Voy}_i \leqslant \max\mathrm{Voy}_i \text{ , } i = 1,2,\cdots,M \tag{7-16}$$

7.2.3　协同任务联盟组建问题的蝙蝠算法实现

一、蝙蝠算法的改进策略

1. 蝙蝠个体的编码方式

针对无人系统的任务联盟组建问题需要考虑如下因素：如何将连续的问题进行离散化处理、在满足约束条件的情况下选择哪些无人系统去组建任务联盟，从而使得无人系统在均衡消耗载荷资源的情况下尽可能多的完成任务并获得最大收益值。针对该问题的特点，提出一种二进制矩阵编码模式，其结构形式见表 7－1。

表 7－1　无人相同任务联盟组建问题个体编码模式

目标编号	无人系统编号					
	U_1	U_2	…	U_i	…	U_M
T_1	1	0	…	0	…	0
T_2	0	1	…	1	…	0
⋮	⋮	⋮		⋮		⋮
T_j	1	1	⋮	1	…	1
⋮	⋮	⋮		⋮		⋮
T_N	0	0	…	0	…	1

表 7－1 为无人系统任务联盟组建的二进制矩阵编码方式，任务场景中出现的每个目标 T_j 按照 $1 \times M$ 位进行编码，表示针对目标T_j 形成的任务联盟需要的无人系统数目。其中行代表场景中出现的目标，纵列代表集群中的无人系统，矩阵中的每个元素 x_{ij} 取值为 0 或 1。若 $x_{ij} = 1$，表示无人系统U_i 参与到针对目标T_j 的联盟C_j 中去；若$x_{ij} = 0$，则表示无人系统U_i 不参与到针对目标T_j 的联盟组建中。

2.蝙蝠个体的变异操作

为了提高蝙蝠算法的寻优能力以及搜索的随机性,引入遗传算法中的变异操作。对每次迭代过程中产生的最差个体进行变异,不同于一般情况下对不同的编码位进行相同概率的变异,由于二进制编码存在特殊性,因此在编码的过程中,不同位置的编码重要性是不同的。例如父代为 101101,对应的十进制值为 45,当对其第二位进行变异得到 101111,对应的十进制值为 47,当对其第 5 位进行变异得到 111101,对应的十进制值为 61。由此可以看出对于高位的变异对结果的影响比低位变异的结果大。

针对这一问题,提出不同的编码位存在不同的变异概率,将编码分成两部分,即高位编码和低位编码。在算法迭代初期,令高位编码拥有较高的变异概率,有助于提高种群的多样性,使算法的搜索空间更大;在算法迭代的后期,令低位编码拥有较高的变异概率,有助于提高算法的局部搜索能力。其具体表示如下式:

$$Q_{\mathrm{d}} = m_{\mathrm{d}} + \frac{n_{\mathrm{d}}}{1+\exp[-\alpha(T_{\max}-\mathrm{inter})]} \tag{7-17}$$

$$Q_{\mathrm{g}} = m_{\mathrm{g}} + \frac{n_{\mathrm{g}}}{1+\mathrm{cxp}[\alpha(T_{\max}-\mathrm{inter})]} \tag{7-18}$$

式中 Q_{d}—— 低位变异概率;

Q_{g}—— 高位变异概率;

$T_{\max}$—— 最大迭代次数;

inter ——当前代数;

另外,m_{d},n_{d},m_{g},n_{g},α 为常数,参考相关文献算法中取值为$m_{\mathrm{d}}=0.01$,$n_{\mathrm{d}}=0.05$,$m_{\mathrm{g}}=0.01$,$n_{\mathrm{g}}=0.01$,$\alpha=0.03$。

综上所述,将个体编码的变异方式概括如下:

1)将个体的二进制编码随机分为高位编码和低位编码两部分;

2)根据式(7-17)和式(7-18)计算不同编码位的变异概率;

3)产生[0,1]均匀分布随机数 rand,若该位的变异概率大于 rand,则对该编码位进行变异,否则保持不变。

3.自适应惯性权重策略

从基本蝙蝠算法中的式(7-2)可以看出,速度项系数恒定为 1,这样大大降低了蝙蝠的灵活性以及蝙蝠种群的多样性,并且导致了算法的全局搜索和局部搜索不均衡。为了解决这个问题,引入动态惯性权重策略,惯性权重表示如下:

$$\omega(t)=\omega_{\min}+(\omega_{\max}-\omega_{\min})\exp\left[-\rho\left(\frac{t}{T_{\max}}\right)^{2}\right] \tag{7-19}$$

式中 $\omega_{\min}$—— 权重下限值;

$\omega_{\max}$—— 权重上限值;

$T_{\max}$—— 设定的算法最大迭代次数,$1<\rho<T_{\max}$;

t ——算法迭代的当前代数。

可以看出,$\omega(t)$ 在算法迭代前期数值较大,加快了算法前期的搜索速度,前期种群的大范围搜索能快速定位到局部最优解,后期在局部最优解的附近进行深度搜索,从而加快了算法的整体收敛速度。

加入了动态随机惯性权重后的速度更新公式变为

$$v_i^{(t)} = \omega(t)\, v_i^{(t-1)} + (x_i^{(t)} - x_*)\, f_i \tag{7-20}$$

二、改进后的蝙蝠算法工作流程

改进后的蝙蝠算法工作流程如下：

步骤 1：设定蝙蝠种群规模 N，超声波频率的最小值 $f_{\min}$ 和最大值 $f_{\max}$。随机初始化每一个蝙蝠个体的速度 v_i，蝙蝠个体的位置向量 x_i，蝙蝠个体发射超声波的强度 A_i 及脉冲发射频率 r_i。

步骤 2：计算蝙蝠个体的适应度值，并找出当前种群中的最优个体，记录当前种群最优个体蝙蝠的位置为 x_*。

步骤 3：更新种群中蝙蝠个体的速度和位置。

步骤 4：对种群中的蝙蝠个体执行变异操作。

步骤 5：产生[0,1]均匀分布随机数 rand，如果 rand$>r_i$，利用公式(7-4)在最优解附近产生一个新解。

步骤 6：产生[0,1]均匀分布随机数 rand，如果 rand$<A^{(t)}$，且步骤 4 产生的新解适应度值小于当前最优适应度值，则将步骤 4 产生的新解记为最优解，然后更新超声波强度 A_i 及脉冲发射频率 r_i。

步骤 7：将种群中蝙蝠个体按适应度值排序，找出当前代的最优位置 x_*。

步骤 8：重复步骤 2 到步骤 6 的迭代过程，直到求出满足精度要求的解或算法达到设定的最大迭代次数。

步骤 9：算法迭代结束，输出全局最优解。

7.3　仿真实验分析

7.3.1　探测到单个目标时的任务联盟组建仿真案例

一、任务场景设定

设定由 15 架无人系统组成的集群在任务区域内执行搜索打击任务，在 t 时刻无人系统 U_1 搜索到一个目标 T_1，并获得目标 T_1 的位置及资源需求等信息，见表 7-2。

表 7-2　目标信息

目标标号	目标位置 (km,km)	打击目标所需资源
T_1	(500,0)	(6,4,10,7)

无人系统 U_1 将目标 T_1 的信息发送给集群中的其他无人系统，作为联盟组建的联盟领袖发出指令，集群内的其他无人系统通过自身的状态及任务载荷信息自主匹配。若无人系统具有联盟组建所需要的任务载荷，且自身的剩余航程能够达到任务需求，即响应联盟组建指令，并

将自身信息反馈给无人系统U_1,U_1 根据集群内的无人系统响应情况决定是否达到任务需求。若达到任务需求,则进行针对目标T_1 的任务联盟组建,同时采用蝙蝠算法从中选择相应的无人系统构成任务联盟;若未达到任务需求,则放弃对目标T_1 的任务联盟组建。

在 t 时刻各无人系统所处的位置及所携带的任务载荷信息见表 7-3,各无人系统之间的通信代价见表 7-4 所示。

表 7-3 无人机资源信息

编号	位置 (km,km)	携带载荷	编号	坐标 (km,km)	携带载荷
U_1	(500,10)	(1,1,2,1)	U_9	(250,100)	(1,0,1,2)
U_2	(0,500)	(2,1,0,5)	U_{10}	(300,300)	(1,2,0,1)
U_3	(0,0)	(1,1,3,1)	U_{11}	(60,250)	(2,3,1,2)
U_4	(20,10)	(2,0,3,2)	U_{12}	(300,500)	(3,1,0,3)
U_5	(150,150)	(1,3,3,0)	U_{13}	(100,400)	(2,1,3,2)
U_6	(500,500)	(2,3,1,1)	U_{14}	(200,70)	(3,0,2,2)
U_7	(0,100)	(1,2,3,2)	U_{15}	(450,480)	(0,3,1,3)
U_8	(400,500)	(0,2,1,1)	—	—	—

表 7-4 无人机间通信代价

编号	U_1	U_1	U_3	U_3	U_3	U_3	U_3	U_3	U_3	U_3	U_3	U_3	U_3	U_3	U_3
U_1	0	1	6	9	5	6	5	3	1	4	2	3	1	4	2
U_2	1	0	3	5	4	5	5	2	3	1	3	1	4	5	2
U_3	6	3	0	3	5	4	3	1	4	3	2	1	3	2	4
U_4	9	2	3	0	3	5	4	2	6	1	1	3	2	2	3
U_5	5	4	5	3	0	5	2	1	4	5	4	1	2	1	3
U_6	6	5	4	5	2	0	4	5	3	4	1	5	2	4	1
U_7	3	5	3	4	5	4	0	2	6	3	1	2	5	1	3
U_8	3	2	1	2	1	5	2	0	4	3	5	1	4	2	1
U_9	1	3	4	6	4	3	6	4	0	2	3	5	1	4	2
U_{10}	4	1	3	1	5	4	3	3	2	0	6	2	1	3	4
U_{11}	2	3	2	1	4	1	1	5	3	6	0	5	4	2	1
U_{12}	3	1	1	3	1	5	2	1	5	2	5	0	6	3	2
U_{13}	1	4	3	2	2	2	5	4	1	1	4	6	0	4	1
U_{14}	4	5	2	2	1	4	1	2	4	3	2	3	1	0	2
U_{15}	2	2	4	3	3	1	3	1	2	4	1	2	4	2	0

在 t 时刻任务场景的态势分布如图 7.5 所示。

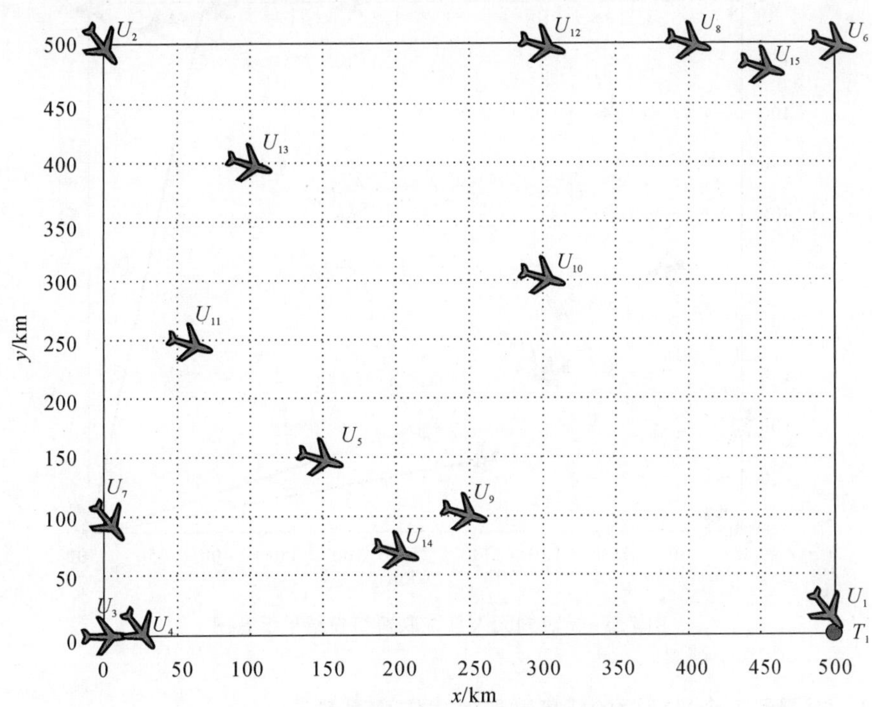

图 7.5　t 时刻任务场景态势分布图

二、仿真结果及分析

采用改进的蝙蝠算法进行问题求解，蝙蝠算法的参数设置见表 7-5。

表 7-5　蝙蝠算法参数设置

种群规模	f_{min}	f_{max}	α	β	γ	r_0	$iter_{max}$
50	0	100	0.85	0.45	0.90	1.0	2000

算法输出的任务联盟组建结果如表 7-6 及图 7.6 所示。

表 7-6　无人机联盟组建结果

联盟编号	联盟组建结果
C_1	$[U_1, U_3, U_6, U_8, U_9, U_{14}]$

当无人系统 U_1 在 t 时刻探测到目标 T_1 时，由于自身无法完成对目标 T_1 的打击任务，所以将目标 T_1 的信息发送给集群中的其他无人系统，各无人系统返回确认信息后，无人系统 U_1 通过蝙蝠算法求解出任务联盟 C_1 的构成为 U_1，U_3，U_6，U_8，U_9，U_{14}，且在无人系统提供的载荷资源向量总和满足目标 T_1 所需任务资源的情况下目标函数值达到最大。

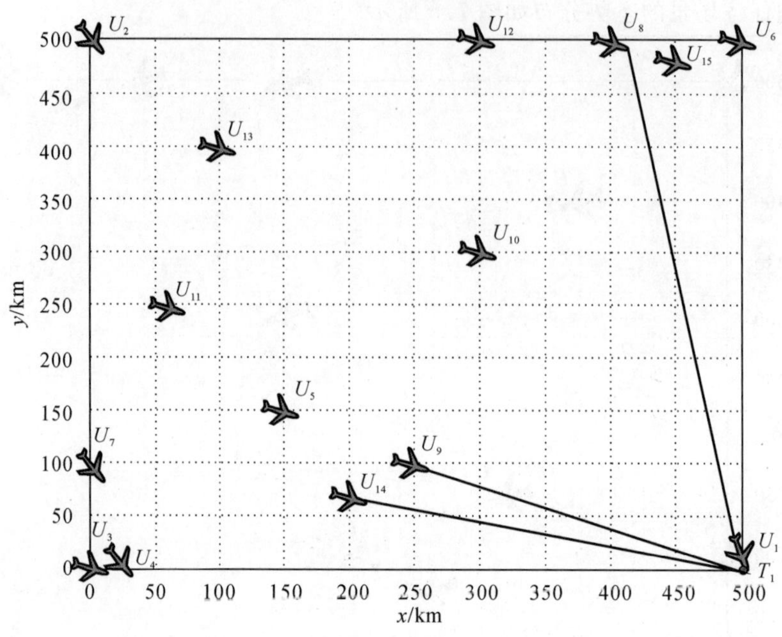

图 7.6　t 时刻无人系统联盟组建结果示意图

7.3.2　探测到多个目标时的任务联盟组建仿真案例

一、任务场景设定

设定由 15 架无人系统组成的集群在任务区域内执行搜索打击任务，在 t 时刻无人系统 U_5 在任务区域内探测到三个目标，分别记为 T_1，T_2，T_3，相应的位置及资源需求信息见表 7-7。

表 7-7　目标信息

目标标号	目标位置 (km,km)	打击目标所需资源
T_1	(450,200)	(5,2,4,5)
T_2	(400,180)	(6,7,8,4)
T_3	(450,100)	(3,1,2,4)

在 t 时刻各无人系统所处的位置及所携带的任务载荷信息见表 7-8，各无人系统之间的通信代价与表 7-4 所示相同。

表 7-8　无人机资源信息

编号	位置 (km,km)	携带载荷	编号	坐标 (km,km)	携带载荷
U_1	(280,420)	(1,1,2,1)	U_9	(130,350)	(1,2,1,2)
U_2	(100,350)	(2,1,2,5)	U_{10}	(320,500)	(1,2,1,1)
U_3	(100,100)	(1,1,3,1)	U_{11}	(150,10)	(2,3,1,2)

续表

编号	位置（km，km）	携带载荷	编号	坐标（km，km）	携带载荷
U_4	(200,200)	(2,1,3,2)	U_{12}	(100,500)	(3,1,4,3)
U_5	(420,250)	(1,3,3,1)	U_{13}	(230,380)	(2,1,3,2)
U_6	(250,400)	(2,3,1,1)	U_{14}	(260,340)	(3,1,1,1)
U_7	(0,350)	(1,2,3,2)	U_{15}	(50,410)	(2,3,1,3)
U_8	(270,450)	(3,2,1,1)	—	—	—

在 t 时刻任务场景的态势分布如图 7－7 所示。

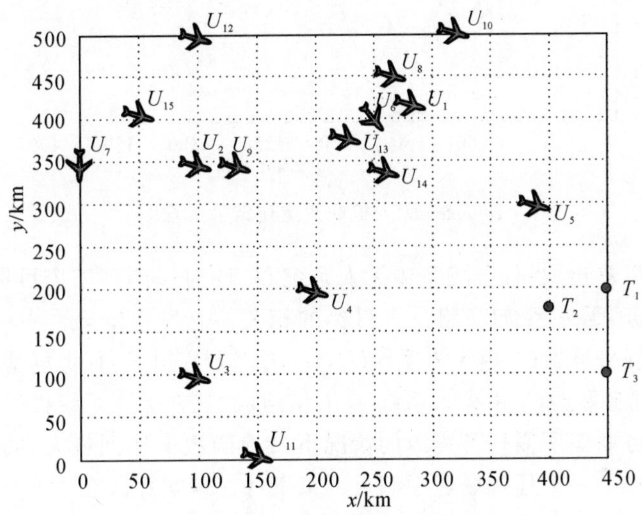

图 7.7　t 时刻任务场景态势分布图

二、仿真结果及分析

采用改进的蝙蝠算法进行问题求解，蝙蝠算法的参数设置见表 7－9。

表 7－9　蝙蝠算法参数设置

种群规模	f_{min}	f_{max}	α	β	γ	r_0	$iter_{max}$
50	0	100	0.85	0.45	0.90	1.0	2000

算法输出的任务联盟组建结果见表 7－10 及图 7.8 所示。

表 7－10　无人机联盟组建结果

联盟编号	联盟组建结果
C_1	$[U_6, U_9, U_{13}, U_{15}]$
C_2	$[U_3, U_5, U_{10}, U_{14}]$
C_3	$[U_4, U_{11}]$

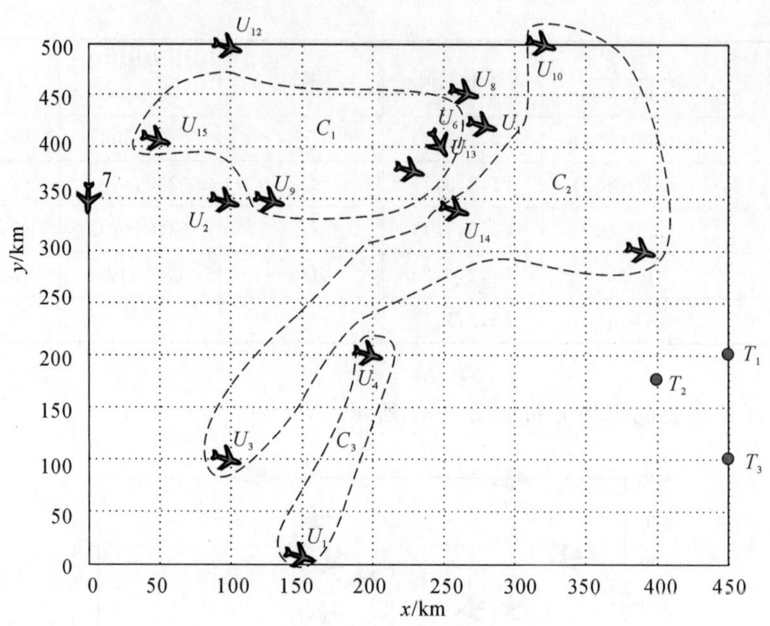

图 7.8 无人机联盟组建结果示意图

由仿真结果可以看出，当任务场景中无人系统 U_5 同时探测到三个目标时，其自身无法完成对目标的打击任务，无人系统U_5 将三个目标的相关信息发送给集群中的其他无人系统。通过蝙蝠算法构建的任务联盟C_1 由无人系统U_6，U_9，U_{13}，U_{15} 组成，任务联盟C_2 由无人系统U_3，U_5，U_{10}，U_{14} 组成，任务联盟C_3 由无人系统U_4，U_{11} 组成。且在无人系统提供的任务载荷资源向量总和满足三个任务联盟所需任务资源的情况下目标函数值达到最大，同时，无人系统U_5 作为联盟领袖只出现在了一个任务联盟中满足约束条件。蝙蝠算法在任务资源分配及任务联盟组建问题中表现出了良好的求解性能。

第8章 蜻蜓算法在无人系统中的应用

8.1 蜻蜓算法的实现原理

8.1.1 蜻蜓算法概述

蜻蜓算法(dragonfly algorithm,DA)是由 Seyedali Mirjalili 于 2015 所提出来的一种元启发式群智能算法。该算法的灵感来源于自然界中蜻蜓的两个独特聚集行为:觅食(又称静态群体)和迁徙(又称动态群体)。

觅食聚集行为是指成群结队的蜻蜓群体往往会自动分成几个小的蜻蜓群体来捕食,这几个小蜻蜓群体会在不同的小范围内来回飞行,以捕猎其他飞行的猎物,例如蝴蝶和蚊子。觅食聚集行为的主要特征是蜻蜓飞行路线中的局部运动和突变。迁徙聚集行为是指在一定的季节,蜻蜓会大量地群聚在一起,朝着潮湿的区域迁徙,繁衍后代。迁徙聚集行为的主要特征是大量的蜻蜓在一个方向上的长距离迁移运动。

蜻蜓算法简单而高效,自从提出以来就备受研究人员的关注。在任务调度、网络参数优化、多目标优化等领域都取得了很好的应用效果。

8.1.2 蜻蜓算法的数学描述

一、蜻蜓的个体行为分析

研究者 Reynoldz 在 1987 年提出了三个关于生物集群的行为准则:分离度、对齐度与聚合度。分离度指集群中的个体之间保持适当距离,以免碰撞;对齐度是指生物集群中的个体在飞行速度和方向上与相邻个体对齐的趋势;聚合度是指集群中的个体都有飞向相邻区域中心的趋势。由于任何生物群体的主要目标就是生存,所以生物群体都有被食物所吸引的特性,同时在遇到天敌时迅速散开进行自我保护的能力。围绕这些行为准则,Mirjalili 观察了蜻蜓个体的这五种行为,这些行为决定了蜻蜓群体对外界的反映,同时也决定了每一个蜻蜓个体在飞行时的位置及行为信息。以下简单介绍这五种行为。

1. 避撞行为

群体中的每一个蜻蜓个体都尽可能地不与环绕或紧挨着的其他蜻蜓个体产生碰撞,如图

8.1 所示。

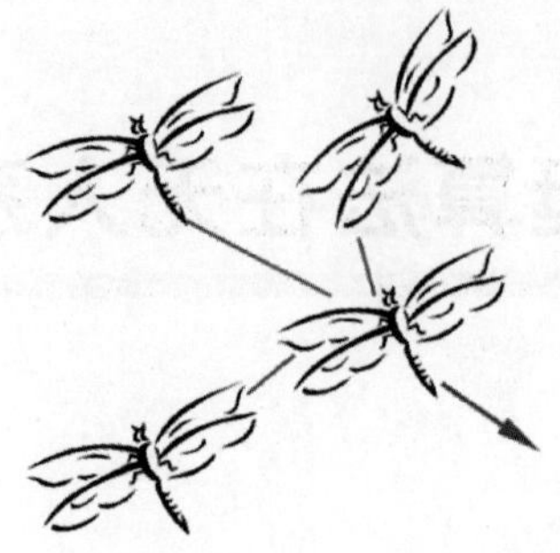

图 8.1 避碰行为示意图

2. 结队行为

群体中的蜻蜓往往会若干个组合在一起进行结队飞行，蜻蜓个体之间会在速度和方向上进行匹配以维持结对飞行状态，如图 8.2 所示。

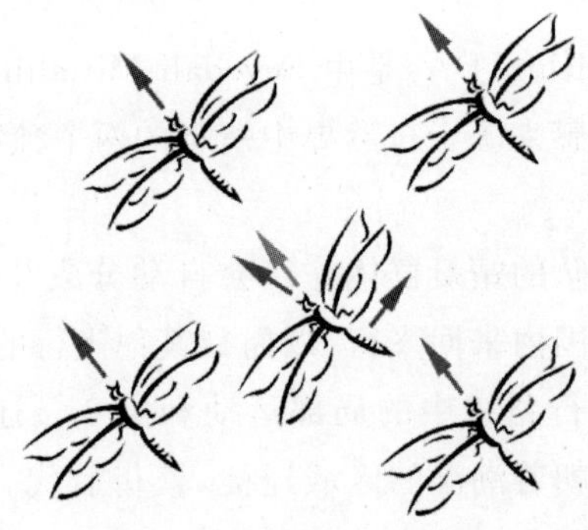

图 8.2 结对行为示意图

3. 聚集行为

群体中的蜻蜓往往会有若干个蜻蜓向某个蜻蜓靠拢的趋势，个体之间以同等均间距保持飞行，如图 8.3 所示。

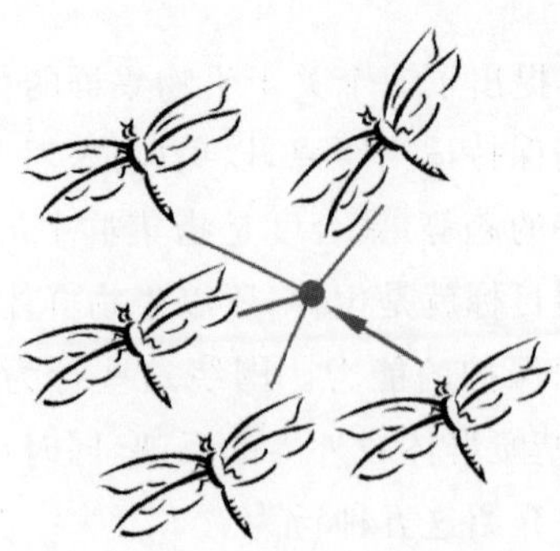

图 8.3 聚集行为示意图

4. 觅食行为

在群体中的蜻蜓个体发现食物后，往往群体中的其他蜻蜓个体会产生向该食物靠拢的趋势，如图 8.4 所示。

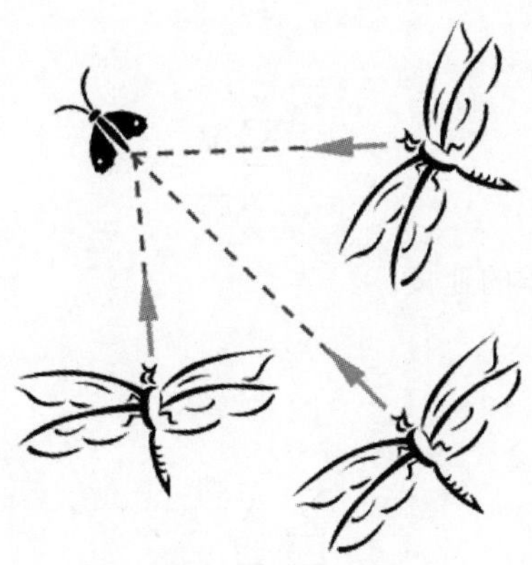

图 8.4　觅食行为示意图

5. 避敌行为

在结对飞行的蜻蜓遇到天敌时，往往会向天敌的四周散开以避开危险，如图 8.5 所示。

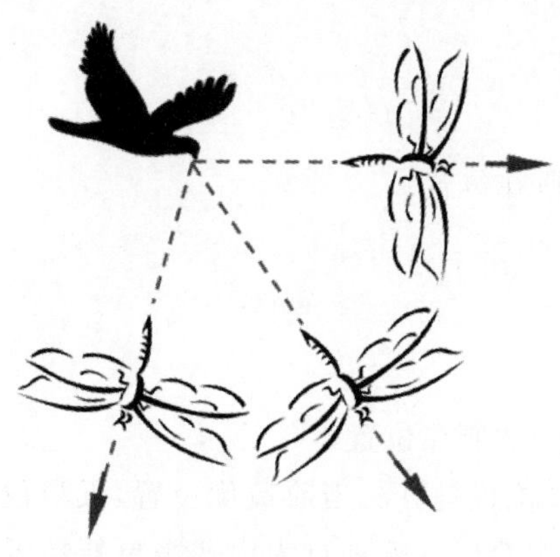

图 8.5　避敌行为示意图

对蜻蜓群体中以上五种行为的研究构成了蜻蜓算法的基础，每个蜻蜓个体根据这五种行为更新其自身所在位置信息。

二、蜻蜓算法的数学描述

蜻蜓算法中每个蜻蜓个体五种行为的数学描述如下。

1. 避撞行为

避撞行为的数学描述如下：

$$S_i = -\sum_{j=1}^{N}(X - X_j) \tag{8-1}$$

式中　X—— 当前蜻蜓个体所在的位置；

X_j—— 与 X 蜻蜓相邻的第 j 个蜻蜓个体的位置；

N—— 与 X 蜻蜓相邻的蜻蜓总数。

2. 结队行为

结队行为的数学描述如下：

$$A_i = \frac{\sum_{j=1}^{N} V_j}{N} \tag{8-2}$$

式中，V_j 为第 j 个相邻蜻蜓个体的速度。

3.

聚集行为的数学描述如下：

$$C_i = \frac{\sum_{j=1}^{N} X_j}{N} - X \tag{8-3}$$

式中　X—— 当前蜻蜓个体所在的位置；

N—— 邻近蜻蜓个体的数量；

X_j—— 与 X 蜻蜓相邻的第 j 个蜻蜓个体的位置。

4. 觅食行为

觅食行为的数学描述如下：

$$F_i = X^+ - X \tag{8-4}$$

式中，X^+ 为寻找到的食物源所在位置。

5. 避敌行为

避敌行为的数学描述如下：

$$E_i = X^- - X \tag{8-5}$$

式中，X^- 是蜻蜓个体碰见的天敌所在位置。

在蜻蜓算法中食物源所在位置是算法当前最优位置，天敌位置是当前最差的位置。在算法中，每个蜻蜓个体都是通过组合以上五种行为模式来更新蜻蜓个体在搜索空间中的位置并模拟个体的运动。

6. 蜻蜓个体的位置更新步长

蜻蜓算法中引入步长向量 ΔX 来定义蜻蜓个体的运动方向，ΔX 类似于 PSO 算法中的速度向量，因此，蜻蜓算法的更新机制与 PSO 算法的更新机制相同。个体的位置更新的步长公式为

$$\Delta X_{t+1} = (sS_i + aA_i + cC_i + fF_i + eE_i) + w\Delta X_t \tag{8-6}$$

式中　s—— 避撞行为的权重；

S_i—— 第 i 个蜻蜓个体的避撞位置；

a—— 结队行为的权重；

A_i—— 第 i 个蜻蜓个体结队的位置；

c—— 聚集行为的权重；

C_i—— 第 i 个蜻蜓个体聚集的位置；

f—— 觅食行为的权重；

F_i—— 第 i 个蜻蜓个体离食物源的距离；

e—— 避敌行为的权重；

E_i—— 第 i 个蜻蜓个体与天敌的距离；

w—— 惯性权重；

t ——当前算法迭代的代数。

7. 蜻蜓个体的位置更新

(1) 当蜻蜓个体周围有邻近蜻蜓时，采用下式更新个体位置：

$$X_{t+1} = X_t + \Delta X_{t+1} \tag{8-7}$$

(2) 当蜻蜓个体周围没有邻近蜻蜓时，采用随机游走行为更新个体位置：

$$X_{t+1} = X_t + \text{Lévy}(m) X_t \tag{8-8}$$

式中，m 为蜻蜓群体飞行时位置向量的维数。

Lévy 函数采用下式计算：

$$\text{Lévy}(x) = 0.01 \times \frac{r_1 \times \sigma}{|r_2|^{1/\beta}} \tag{8-9}$$

式中，r_1，r_2 为[0,1]均匀分布的随机数。

取 $\beta = 0.5$，α 计算公式如下：

$$\sigma = \left[\frac{\Gamma(1+\beta) \times \sin(\pi\beta/2)}{\Gamma\left(\frac{1+\beta}{2}\right) \times \beta \times 2^{(\beta-1)/2}}\right]^{1/\beta} \tag{8-10}$$

引入 Lévy 飞行可以导致蜻蜓群体中的某些个体能够产生大的位移，改变整个群体的位置。它的飞行方向是随机的，但其飞行步长是按照幂次率分布的。Lévy 飞行的特征是小位移很多，偶尔出现大位移，使得蜻蜓个体能够突破局部极值的限制，更容易搜索到全局最优值。

三、蜻蜓算法的处理流程

步骤 1：初始化蜻蜓算法参数。种群规模 N，最大迭代次数 $\text{inter}_{\max}$，问题的维度 D，惯性权重 w，领域半径 r 等。

步骤 2：随机初始化种群中的蜻蜓个体位置 X。

步骤 3：计算种群中所有蜻蜓个体的适应度值(目标函数值)，并记录当前代中的最优解。

步骤 4：计算蜻蜓个体的位置更新向量 ΔX。

步骤 5：更新食物源位置 X^+（当前最优解）和天敌位置 X^-（当前最差解），更新种群中所有蜻蜓个体的位置。

步骤 6：更新 w,s,a,c,f,e 参数并计算 S,A,C,F,E。

步骤 7：更新种群中蜻蜓个体的位置，并按适应度值排序，找出当前代中的最优值。

步骤 8：重复步骤 2 到步骤 7 的迭代过程，直到求出满足精度要求的解或算法达到设定的最大迭代次数。

步骤 9：输出全局最优解。

8.2 基于蜻蜓算法的无人系统时间耦合任务分配

8.2.1 时间耦合任务分配问题概述

在多无人系统协同执行 SEAD 任务中，需要对任务场景中的每个目标依次执行确认、打击和毁伤评估三种任务，假设对于每个目标的确认已经在任务分配前被执行完毕，也就是任务场景中的每个目标只存在两种任务，即打击和毁伤评估。

由于无人系统在执行打击任务时使用的是通常是制导武器(导弹或者制导炸弹)，爆炸引起的烟雾等现象会影响传感器设备的探测识别效果，因而要求毁伤评估任务需要在打击任务完成后的一定时间间隔后方可执行，同时，为了对目标的毁伤评估及时有效，这个时间间隔不能超过一定的限度。对此，设定打击任务和毁伤评估任务之间有一个最小时间间隔和最大时间间隔，分别用 $\text{inter}_{\min}$ 和 $\text{Inter}_{\max}$ 表示，则某个目标的任务执行顺序由图 8.6 所示。

图 8.6 目标的打击-毁伤评估任务时间耦合约束关系

上图中表示目标在 T 时刻被执行了打击任务，则对其的毁伤评估任务必须在时间段[$T+\text{inter}_{\min}$，$T+\text{inter}_{\max}$]之间的任意时刻被执行。

8.2.2 时间耦合任务分配问题建模

假设任务场景中有 3 种共 m 个无人系统，无人系统的配置信息见表 8-1。

表 8-1 无人系统配置信息表

类型	数量	功能	载荷
A 型	m_1	打击	$R_i(i=1,2,\cdots,m_1)$
B 型	m_2	打击 & 毁伤评估	$R_i(i=1,2,\cdots,m_2)$
C 型	m_3	毁伤评估	—

设定任务场景为二维平面，已经侦察得知任务区域内有 n 个待打击目标，每个目标的位置已经确定。由于作战要求，需要对每个目标依次执行打击和毁伤评估两种任务，每种任务的执行时间随无人系统及目标的不同而变化，对某个目标的毁伤评估必须待该目标的打击任务执行完毕后一段时间内执行，无人系统完成所分配任务后返回基地。

1. 目标函数

以最小化所有无人系统的最大航程为目标，则目标函数可表示为

$$F=\min(\max_{i\in[1,m]} C_i) \tag{8-11}$$

式中，$C_i(i=1,2,\cdots,m_1+m_2+m_3)$ 表示无人系统U_i 的任务航程，则有

$$C_i=v_i\times(c_{tni}-c_{io})+d(t_{ni},\text{Base2}) \tag{8-12}$$

$$C_i \leqslant C_{\max} \tag{8-13}$$

式中　v_i—— 无人系统U_i 的飞行速度；

c_{io}—— 无人系统U_i 的出发时刻；

c_{tni}—— 任务 t_{ni} 的完成时刻；

t_{ni}—— $t_{ni} \in SE_i, SE_i = (t_1, t_2, \cdots, t_{ni})$ 为分配给无人系统U_i 的任务序列；

$d(t_{ni}, \text{Base2})$—— 任务 t_{ni} 所在位置与返回基地 B 之间的欧氏距离。

2. 约束条件

无人系统在进行任务分配时满足如下约束条件。

(1) 每个任务只能分配给一个无人系统：

$$\sum_{i=1}^{m} x_{ijh} = 1 \tag{8-14}$$

式中，x_{ijh} 为决策变量，且有

$$x_{ijh} = \begin{cases} 1, \text{无人机 } i \text{ 执行目标 } j \text{ 的第 } h \text{ 个任务} \\ 0, \quad \text{无人机未执行任务} \end{cases}$$

式中　i—— 表示无人系统数量，$i = 1, 2, \cdots, m$；

j—— 表示场景中的目标数量，$j = 1, 2, \cdots, n$；

h—— 表示任务，$h = 1, 2$。其中，$h = 1$ 表示打击任务，$h = 2$ 表示毁伤评估任务。

(2) 每个无人系统至少需要分配给一个任务：

$$\sum_{j=1}^{n} \sum_{h=1}^{2} x_{ijh} \geqslant 1 \tag{8-15}$$

(3) 无人系统的载荷资源限制：

$$\sum_{j=1}^{n} x_{ij1} \leqslant R_i \tag{8-16}$$

式中，R_i 为无人系统 U_i 的携带的载荷数量。式(8-16)表示每个无人系统所分配的任务需要的打击资源不能多于无人系统携带的载荷数量，假设每个目标的打击任务只损耗一个单位的武器载荷。

(4) 任务间的时间耦合约束：

$$S_{jh} + x_{ijh} \times t_{ijh} \leqslant C_{jh}, \quad h = 1, 2 \tag{8-17}$$

$$C_{jh} \leqslant S_{j(h+1)}, \quad h = 1 \tag{8-18}$$

式中　S_{jh}—— 目标 j 的第 h 个任务的开始执行时间；

C_{jh}—— 目标 j 的第 h 个任务的完成时间。

8.2.3　时间耦合任务分配问题的蜻蜓算法实现

一、蜻蜓个体的编码方式

在用蜻蜓算法求解多无人系统协同任务分配问题时，一个蜻蜓个体就代表着一种分配方案，这里有两方面的因素需要考虑：

1)选择哪些无人系统执行哪些任务,即任务的分配情况;

2)各无人系统以怎样的顺序去执行分配给自身的任务,即任务的排序情况。

为此设计了分段编码方式对蜻蜓算法中的个体进行编码,以一个一维向量来表示蜻蜓个体的位置。

假设任务场景中有 N 个目标待执行,每个目标包括打击和毁伤评估两种任务,因而需要设计一个 $4N$ 维的数组表示一个蜻蜓个体,分为两部分:任务分配 TA 部分和任务排序 TS 部分,其中个体的前 $2N$ 维为任务分配部分,后 $2N$ 维表示任务的排序方式,如图 8.7 所示。

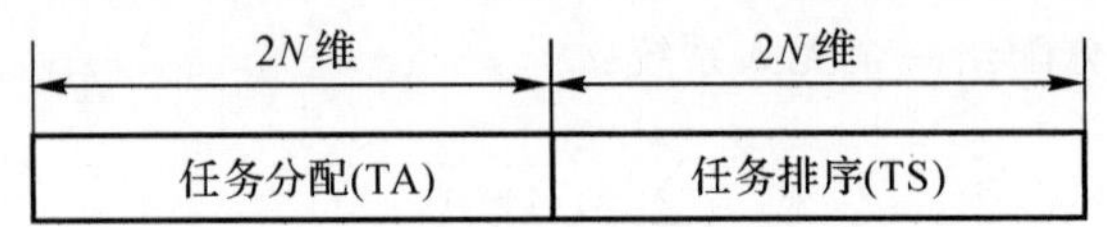

图 8.7　蜻蜓个体的分段编码方式

1. 任务分配部分

该部分表示了 N 个目标共 $2N$ 个任务的分配情况,即哪个目标的哪个任务分配给哪个无人系统。该部分共有 $2N$ 个位,由 N 个目标依次按照目标编号排列,从第一位开始,每两个位代表一个目标的分配信息,其中第一位表示攻击任务,第二位表示毁伤评估任务。每个位的取值为当前位所代表任务可供选择的无人系统顺序编号,从而保证了各任务被分配给能够执行该任务的无人系统。为了便于编码,从 1 开始对无人系统编号,最大序号为无人系统数量 M,编号顺序为 A 型无人系统、C 型无人系统和 B 型无人系统。由于 C 型无人系统既可以执行打击任务,又可以执行毁伤评估任务,因而将其置于 A、B 中间编号。这样,能够执行打击任务的无人系统编号为 $1,2,\cdots,M_a+M_c$,能够执行毁伤评估任务的无人系统编号为 $M_a+M_c+1,M_a+M_c+2,\cdots,M_a+M_c+M_b$。

假设 M_a,M_b,M_c 的各自取值分别为 3,1,2,目标数量 N 的取值为 4,如下图表示任务分配部分的一种分配方案。

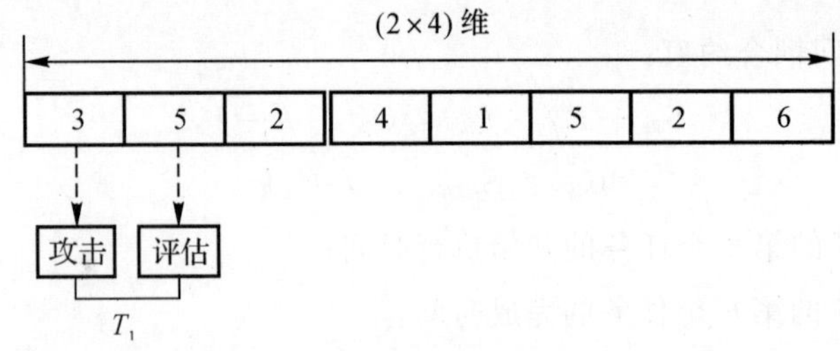

图 8.8　任务分配部分编码

2. 任务排序部分

该部分表示了所有任务的排序情况,由 $2N$ 个位组成,每个位由目标的编号编码,每个目标的编号出现 2 次,出现的顺序表示该目标两个任务间的先后顺序,目标编号 i 出现的第 j 次,

表示该目标的第 j 个任务。设定 $j=1$ 表示攻击任务，$j=2$ 表示毁伤评估任务。如此编码，可以保证攻击任务和毁伤评估任务时序耦合约束。图 8.9 所示为任务排序部分的一种方案。

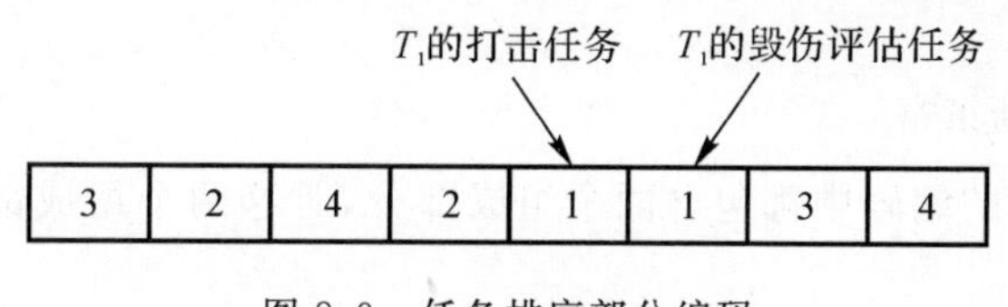

图 8.9　任务排序部分编码

综合任务分配和任务排序两个部分，得到的蜻蜓个体完整编码方案如图 8.10 所示。

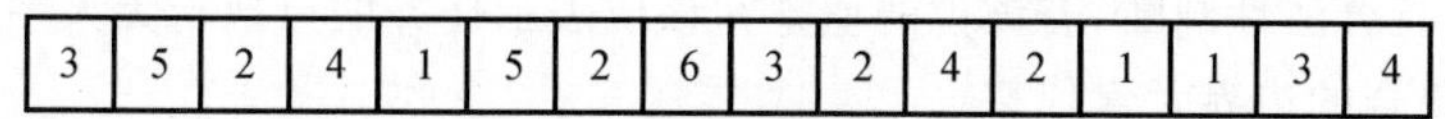

图 8.10　蜻蜓个体的完整编码

二、蜻蜓个体的解码方式

算法中每个蜻蜓个体的解码运算是在编码的基础上，将编码得到的数据通过一定的方式转换成分配问题的解决方案，进而可以通过解码数据计算出当前方案的适应度值，即目标函数值，并通过目标函数值的大小评判当前解的优劣。

在任务分配部分，从左到右依次读取每一位的数据，数据表示了无人系统的编号，每读取一位，将该位所代表的任务添加到该位分配的无人系统任务集中，最终得到各无人系统的任务分配集合。以图 8.10 所示的方案为例，对于攻击任务来说，从目标 T_1 到目标 T_4，分别分配给了编号为 3,2,1,2 的无人系统，对于毁伤评估任务来说，目标 T_1 到 T_4 分别分配给了编号为 5,4,5,6 的无人系统。

在任务排序部分，每一位上的数字代表了目标的编号，由于每个目标由两种任务，因而每个目标编号会出现 2 次，第一次表示该目标的攻击任务，第二次表示该目标的毁伤评估任务。任务排序部分对所有任务的执行顺序做了安排，结合任务分配部分，就可以得到整个任务的分配情况，反映到无人系统上，就是给出了每个无人系统的任务执行序列。

综上，具体的解码步骤如下：

步骤 1：对任务分配部分进行解码。

(1)初始化各无人系统的任务集合为空集，即 $\text{TaskSequence}_i=\varnothing$。

(2)从左至右依次读取个体编码的第 k 位($k=1,2,\cdots,2N$)上的值 i，通过 $j=\text{fix}(i/2)+1$ 和 $h=\text{mod}(i/2)$分别得到 j 和 h 的值，将 T_{jh} 加入 TaskSequence_i 中。

步骤 2：对任务排序部分进行解码。

(1)从左至右依次读取第 k 位($k=1,2,\cdots,2N$)上的值 j，j 代表目标 T_j 上的一个任务，若 j 是第 h 次出现，则表示 T_{jh}。当 $k=2N$ 得到所有任务的排列顺序 $\text{Task}S$。

(2)将 TaskSequence_i 根据 $\text{Task}S$ 重新排列任务顺序，当 T_{jh} 和 T_{kl} 都在 TaskSequence_i 中时，将两者按照 $\text{Task}S$ 中的先后顺序重新排列。

到此，个体解码结束，得到的是各无人系统的任务执行序列 TaskSequence_i。

三、蜻蜓种群的初始化

在蜻蜓算法中以随机初始化的方法对每个蜻蜓个体进行按照编码模式进行编码，对于任务分配部分，每一位代表着一个具体的任务 T_{jh}，随机从能够执行任务 T_{jh} 的无人系统集合 U_{jh} 中选取一个元素作为该位的初始取值，对于任务排序部分，以两组目标序号的随机排序表示该部分的初始位置。

四、蜻蜓个体的更新策略

由于每个蜻蜓个体的编码中都包含两个组成部分，对这两个组成部分分别采用不同的更新策略进行个体更新。

对于任务分配部分的更新采用蜻蜓算法原有的个体位置更新方式，但是更新后的个体位置需要进行修正。修正过程中，首先对每一位的值采用四舍五入的方法进行取整，其次，对取整后的每一位进行合法性判断，若该位的值不在该位表示任务的可执行无人系统集合内，则采用就近原则，以集合的边界元素代替。

由于更新的过程仅仅是对固定的一组数据进行排列，因此，对于任务排序部分的更新，引入遗传算法的交叉和变异操作对该部分进行更新。

(1)交叉操作。交叉操作是利用父代个体经过一定的操作组合后产生新个体，从而达到在不破坏有效模式的前提下对解空间进行高效搜索的目的。这里我们采用比较成熟的 POX 交叉方法，对蜻蜓个体的任务排序部分进行交叉操作，进而达到更新的目的。改进后的 POX 交叉操作每一次只产生一个新个体，步骤如下。

步骤 1：从目标集 $\{T_1, T_2, \cdots, T_n\}$ 中随机抽取一个目标子集 T_{set}；

步骤 2：选择需要进行交叉操作的个体 X_1 和 X_2，若 X_1 的适应度值优于 X_2，则将 X_1 中包含在目标子集 T_{set} 中的目标复制到新的个体 C 中，保持位置和顺序不变；

步骤 3：将 X_2 中不包含在 T_{set} 中的目标复制到 C 中，保持顺序不变；

步骤 4：若新个体 C 的适应度值优于 X_2，则保存新个体，并替代原来的个体 X_2。

如图 8.11 所示，个体中包含有 4 个目标，随机抽取的目标集 $T_{set}=\{2,3\}$，X_1 要优于 X_2，将 X_1 中包含目标 2 和目标 3 的位复制到新个体 C 中，然后将 X_2 中去掉目标 2 和目标 3 后，剩下的部分按照原来的次序依次复制到 C 的除去目标 2、目标 3 所在位的其他位，从而产生新个体 C。

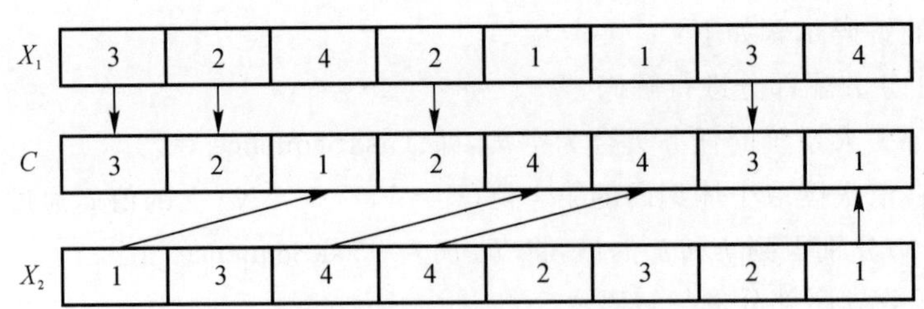

图 8.11 POX 交叉操作

(2)变异操作。变异操作是通过随机改变个体中的某些位，从而产生较小扰动生成新个体，增加种群多样性，并在一定程度上影响着算法的局部搜索能力。选择基于邻域搜索变异操作，在个体的任务分配部分不变的情况下，采用基于邻域搜索的变异方法，能够更好地通过局部范围内的搜索找到适合任务分配部分的任务排序，从而改善子代性能。其操作步骤如下。

步骤 1：在个体的任务排序部分随机选择 r 个位，并生成其排序的所有邻域；

步骤 2：计算所有邻域的适应度函数值，选出最佳个体作为子代，并代替原来的个体。

五、蜻蜓算法的程序流程图

改进过的蜻蜓算法的程序流程图如图 8.12 所示。

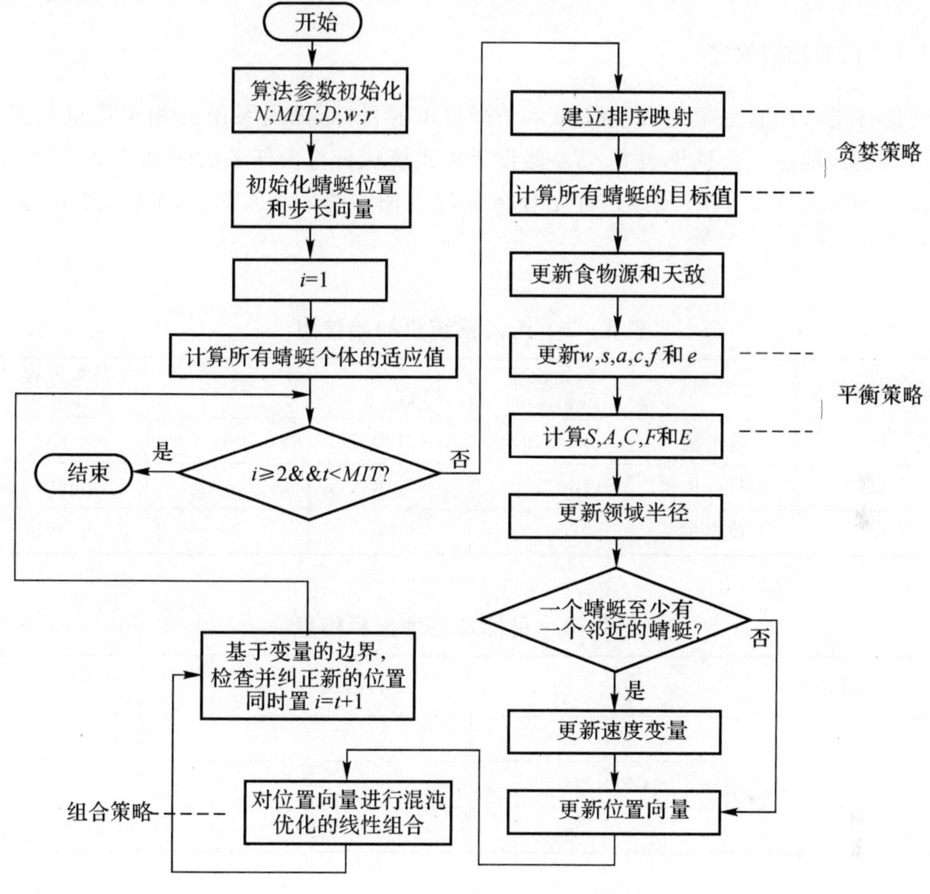

图 8.12　改进的蜻蜓算法程序流程图

8.3 仿真实验分析

8.3.1 任务场景设定

设定任务场景内有三架无人系统和 4 个待打击的目标，无人系统的相关信息见表 8-2，目标及返回基地的位置信息见表 8-3。假设无人系统执行打击任务的时间为 0.05 h，执行毁伤评估任务的时间为 0.1 h，且毁伤评估任务和打击任务的最小时间间隔为 0.1 h，最大时间间隔为 0.5 h。

表 8-2 无人系统机初始信息

无人系统编号	类型	初始位置 (km,km)	速度 km/h	载荷	最大航程 km
U_1	攻击型	(0,300)	120	6	5 000
U_2	察打一体型	(100,100)	120	4	5 000
U_3	侦察型	(300,0)	120	—	5 000

表 8-3 目标及基地坐标信息

目标编号	位置坐标 (km,km)	目标编号	位置坐标 (km,km)
T_1	(200,600)	T_4	(700,300)
T_2	(450,800)	—	—
T_3	(850,600)	T_0（基地）	(1 000,1 000)

任务场景的初始态势如图 8.13 所示。

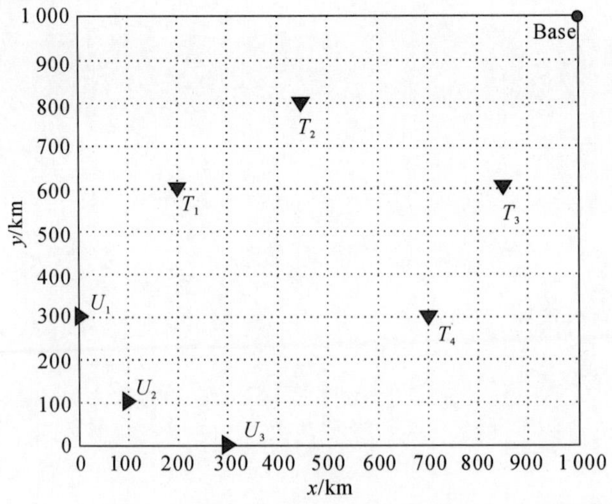

图 8.13 任务场景初始态势

8.3.2 仿真结果及分析

基于上述任务场景想定，采用蜻蜓算法进行求解，相关参数设置：种群数量为 100，最大迭代次数为 1 000 次。仿真得到最优任务分配结果见表 8－4，以及各任务被执行时刻见表 8－5。

表 8－4　各无人系统任务执行序列及航程任务分配结果

无人系统编号	任务序列	飞行航程/km
U_1	4－1－2－3	2 483.7
U_2	1－2	2 236.5
U_3	4－3	2 525.7

最优分配结果：[1 2 1 2 1 3 1 3 4 1 2 4 1 3 2 3]。

表 8－5　任务执行时刻表

目标编号	打击时刻	毁伤评估时刻
T_1	10.74	10.99
T_2	13.46	13.66
T_3	17.24	17.49
T_4	5.83	5.98

多无人系统任务执行顺序如图 8－14 所示，任务分配结果的甘特图如图 8－15 所示。

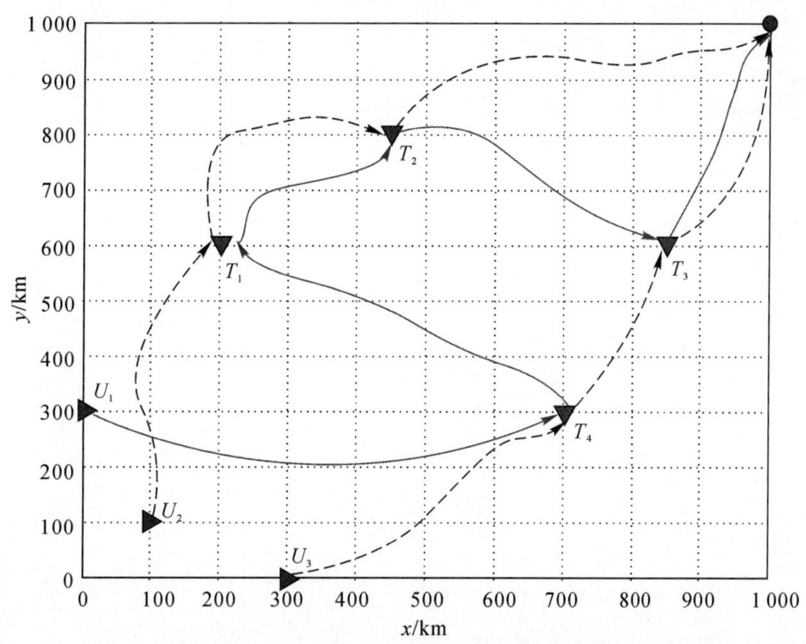

图 8－14　无人系统执行任务过程示意图

由仿真结果可以看出，任务分配结果中各无人系统的资源约束和航程约束满足要求，同时，各目标的打击与评估任务均满足任务间的时间耦合约束要求。

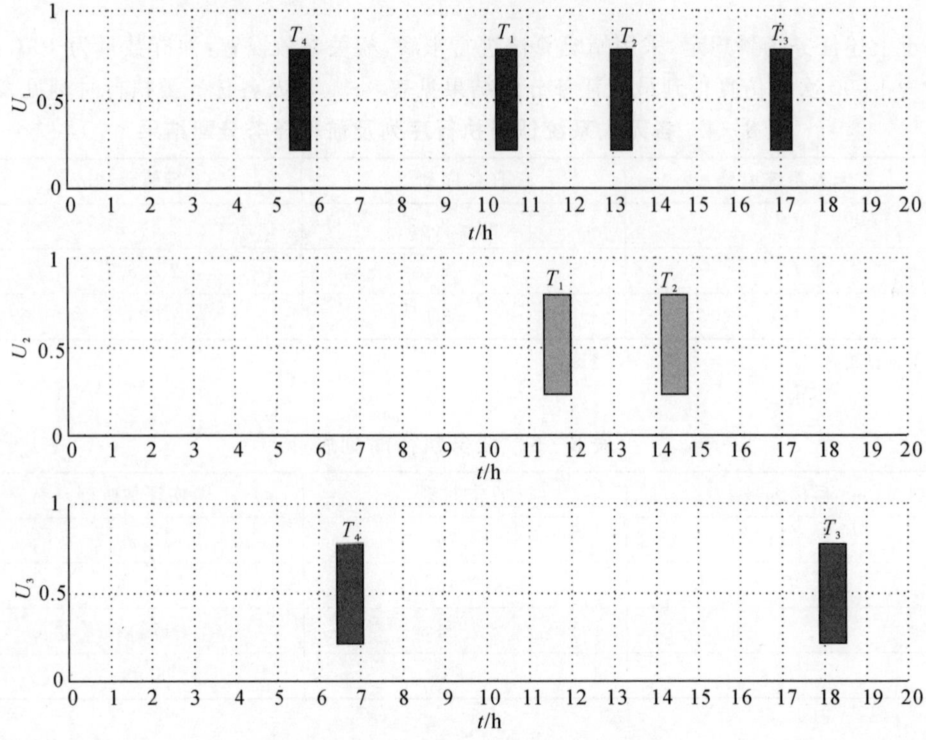

图 8-15 无人系统任务分配甘特图

参 考 文 献

[1] 国务院.新一代人工智能发展规划[EB/OL].(2017-07-20)[2021-10-30].网址:http://www.gov.cn/zhengce/content/2017—07/20/content_5211996.htm.

[2] 李丹.无人救援机器人自主导航系统的研究[D].重庆:重庆邮电大学,2018.

[3] 昝杰.多自主移动机器人协作的关键技术研究[D].西安:长安大学,2014.

[5] 王雅琳,刘都群,杨依然.2019 年水下无人系统发展综述.[J].无人系统技术,2020(1):55-59.

[6] 沈华,陈金良,周志靖,等.混合空域中无人机飞行防相撞技术[J].指挥信息系统与技术,2016,7(6):24-29.

[7] 周绍磊,康宇航,万兵,等.多无人机协同编队控制的研究现状与发展前景[J].飞航导弹,2016(1):78-83.

[8] 周逊.基于 Ad HoC 的无人机网络及其路由协议研究[D].成都:西南交通大学, 2007.

[9] 黄赞杰.无线网络环境下的资源分配问题算法研究[D].合肥:中国科学技术大学, 2015.

[10] 刘涛.基于无人机集群涌现模型的警务指挥与战术应用研究[D].北京:中国人民公安大学,2020.

[11] 王志晟.基于蚁群系统的移动自组织网络路由算法研究[D].杭州:浙江工业大学, 2009.

[12] 方旭明.移动 Ad HoC 网络研究与发展现状[J]. 数据通信, 2003(4):15-18,23.

[13] 范祺越.空地运动体协同组网系统的研究[D]. 南京:南京邮电大学, 2018.

[14] 贾会群. 无人驾驶车辆自主导航关键技术研究[D]. 北京:中国科学院大学, 2019.